保富法

聂云台——著

光明日报出版社

图书在版编目（CIP）数据

保富法 / 聂云台著. -- 北京 : 光明日报出版社，2014.1（2021.3 重印）
ISBN 978-7-5112-5655-3

Ⅰ. ①保… Ⅱ. ①聂… Ⅲ. ①人生哲学—通俗读物 Ⅳ. ①B821-49

中国版本图书馆 CIP 数据核字 (2013) 第 292640 号

保富法
BAOFUFA

著　　者：聂云台

策　　划：双螺旋文化
责任编辑：杨　茹　　　　责任校对：傅泉泽
装帧设计：付　莉　郭朝慧　　　　责任印制：曹　诤
特约编辑：唐　浒　伍四运
特约技术编辑：张雅琴　黄鲁西

出版发行：光明日报出版社
地　　址：北京市西城区永安路106号，100050
电　　话：010-63139890（咨询），010-63131930（邮购）
010-63497501，63370061（团购）
传　　真：010-63131930
网　　址：http://book.gmw.cn
邮　　箱：gmcbs@gmw.cn
法律顾问：北京德恒律师事务所龚柳方律师

印　　刷：固安兰星球彩色印刷有限公司
装　　订：固安兰星球彩色印刷有限公司
本书如有破损、缺页、装订错误，请与本社联系调换，电话：010-63131930

开　　本：160mm×225mm
字　　数：140 千字　　　　印　　张：13
版　　次：2014 年 2 月第 1 版　　　　印　　次：2021 年 3 月第 5 次印刷
书　　号：ISBN 978-7-5112-5655-3

定　　价：35.00 元

達磨大師

囙揭陁羅尊者
宣統御覽之寶
伐那婆斯尊者

注荼半託迦尊者
阿氏多尊者
嘉慶御覽之寶

名人评《保富法》

序言

第一辑　《保富法》

第二辑　培心植德

第三辑 育教时话

第四辑 学佛札记

附录：聂云台纪事

南无大日遍照佛

名人评《保富法》

读到贵家家书，不胜钦佩。文正公的处世心得，阁下谨记并付诸人生，因此能脱离富贵习气，保持本性天真，不随波逐流。给某君写信，信中所言，实在是激励人心、走出颓废的妙法，但如果某君无此志向，信就起不到应有的作用了。然而若流传，使公众读之，肯定有人愿意听取效法的。参透因果，将其中玄机写出来推至最重要的位置，公众读后纷纷效法行为，也多了一些人可能成为圣贤，这实在是救世至好的文章。

印光大师

“富贵荣华”为世间人所追求的，必须有节制，否则其副作用非常可怕。真正懂得节制乃大学问。清朝中兴时期，第一位高权重的莫过于曾国藩，他曾做过四个省的总督。他是读书人，对富贵荣华了解甚深，他的书斋起名曰“求阙斋”。他统帅大军打太平军，誓言不拿军中一个钱回家，结果他做到了。聂云台先生所写的《保富法》说之最详。因为他知道满招损、谦受益，于登峰时急流勇退。曾氏后代谨守家风一百余年不衰。大约三十年前曾国藩之重孙曾约农曾任台湾东海大学校长，其姐曾宝荪为著名教育家兼任公职。

净空法师

曾国藩的外孙聂云台，解放前上海商会会长，他学贯中西，中年接触佛法，就很认真地学佛，使他的思想、认识得到很大提高。后来他写了《保富法》，就是用佛学观点来说明怎样才能得到财富，怎样才能保住财富。

昌臻法师

我们读《保富法》，也应当仔细体念它所讲的真理。看了一次，不十分明白，不妨多看几遍直到彻底明了为止。那么临到实行的时候，决不会有什么踌躇了。人为财死，不如多做公益事业，利己利人，才是扬名后世的大道。

柳亚子

善财童子五十三参

第1参—德云比丘

代序一　与聂云台居士书

印光大师

贵家家书，不胜钦佩。文正公的处世心得，阁下谨记并付诸人生，因此能脱离富贵习气，保持本性天真，不随波逐流。给某君写信，信中所言，实在是激励人心、走出颓废的妙法，但如果某君无此志向，信就起不到应有的作用了。然而若流传，使公众读之，肯定有人愿意听取效法的。参透因果，将其中玄机写出来推至最重要的位置，公众读后纷纷效法行为，也多了一些人可能成为圣贤，这实在是救世至好的文章。因此知道因果之道理，意义深远，那些认为它只是一时的权宜小义，皆是道听途说之流肤浅的认识罢了。

我常说：因果道理，既教育世人为圣为贤，也掌握着平治天下，普度众生的大权。当今之世，如果不提倡因果，即使佛、菩萨、圣贤都出现于世，也未能有好结果。我还认为：教育子女，是治理国家平天下的首要之事，尤其是教育女子。治国平天下的大权，一大半掌握在天下女子手上。之所以世上少贤人，是因为世上少贤女子。有贤女，则有贤妻良母。有贤妻良母，那么他们的丈夫子女不贤者，这样的情况就会减少。学校提倡男女平等同权，定是不知实际的世情。须知男子有男子的权力，女子有女子的权力。相夫教子，乃女子的天职，这个权力极大。

这就是我的愚见，不知阁下是否赞同。如果不是那么悖谬，敢请加以发挥宣扬，这对挽回世道说不定也是一次帮助。

善财童子五十三参

第 2 参—海云比丘

代序二　财富果报

昌臻法师

在现实社会中，人人都想发财。学佛，你要求人天福报一样的可以得到，这必须按因果规律来办事，种布施的因可以得到财富的果报，这种例子很多的。

曾国藩的外孙聂云台，解放前上海商会会长，他学贯中西，中年接触佛法，就很认真地学佛，使他的思想、认识得到很大提高。后来他写了《保富法》，就是用佛学观点来说明怎样才能得到财富，怎样才能保住财富。他谈的完全是以他个人一生接触，亲眼看见的。他接触了两类人物，一类是与曾国藩同时代的一批做大官的人，如李鸿章、左宗棠一类的人，他对这些家庭都很熟悉，他观察了这些家庭的兴衰成败。有些家庭第一代做大官、发大财，第二代家破人亡；有些家庭子孙很好，能够继承家业，若干代下去都还出人才，保有财富，保有社会地位。他就是抒发这种观点，来看种什么因，结什么果。如果你要希望子孙代代都有钱，那就需要懂得种布施的因。布施是培福，布施是开源。又要懂得惜福，爱惜福报，不浪费，不奢侈，那么自然家道昌盛，就能够传若干代。譬如曾国藩第五代的孙儿曾昭抡教授，品学俱优，五十年代初，曾任高教部副部长。左宗棠家也是，有个是科学院的院士嘛。但是有些早就家败人亡了，第二代就家败人亡了。

《保富法》记载当时由于曾国藩的关系，湖南人到其他省去担任第一、二把手的人不少，那些人都是找大钱的，但是第二代就家败人亡了。这说明了不管你再会搞，你逃不了因果规律。因果不要说凡夫逃不脱，佛菩萨都逃不脱。

第3参—善住比丘

代序三　一个保富法的实行者

柳亚子

自从《申报》刊载聂云台先生的《保富法》以来，一时家传户诵，不知感动了多少人。不过目前还不知道究竟有多少富翁能身体力行，因为说说容易，临到了实行的时候，就不免有困难，所谓知之非艰，行之维艰。这个我们不必去谈它，日后自会见分晓的。我现在要介绍给诸位读者的，是远在明朝的一位保富法实行者。他的行为，很值得研究。在张大复的《梅花草堂集》中有这样一段记载："西蜀某宦官按察，生五子，各立中下产，仅给余粥，己身服御，亦绝不使有余。既老寿，乃出生平所积奉羡，可万金，愿佐公帑之不给，吏告帑金不缩，亦无公事须助。宦乃请令穴废院而窖之，题石版云：'还诸造物。'既百年，窖如

故。万历辛酉，奢酋扇乱，劫掠公私物殆尽，成府士民所得食，岌岌不守。有知其事者，白之官，用免残破。此老高义，直贯无千古无论，即其时宦兹土者，与兹土士民，皆廉吏廉夫矣。”

读者或许要笑这位先生太傻，何必把金钱窖藏起来。我的意思，那时或许没有什么慈善机构的组织，他本要捐给公家，公家又不接受。到这个时候，换了别人，或许要改变初衷，仍旧把财产分给子女，旁人也不能说他出尔反尔。因为那笔钱实在无处可放。可是这位先生，见了这笔款子，就好像毒蛇猛兽，无论如何不容许它留在子女的手里。宁可请令穴废院而窖之，不可贻子孙以百世之祸。我们看了，真不能不佩服他的卓见，实在非普通一般有钱人所及得到。他对保富法的原理，明白透彻到万分，不是单单知道一点皮毛，所以一旦打定了主意，便决不改变。

我们读《保富法》，也应当仔细体念它所讲的真理。看了一次，不十分明白，不妨多看几遍直到彻底明了为止。那么临到实行的时候，决不会有什么踌躇了。人为财死，不如多做公益事业，利己利人，才是扬名后世的大道。

善财童子五十三参

第4参—弥伽人

代序四　保福培祉

丁福保

云台先生所著之《保富法》，字字皆从肺腑中流出。日前，黄君警顽，将此稿采登《申报》；而阅者在数日间，捐入“《申报》读者助学金”，有四十七万五千余元之巨款；可见此书劝化之力大矣。

昔太仓陆毅氏有言：“造物忌才，尤忌财；两者兼而备之，而又非其定分之所固有，则立致奇祸。予尝目击之，而识其理之必然也。一巨公者，登第数年，遽开府，入为卿贰，才略经济，卓然有闻于时；令子继起，同列清华，尤为世俗艳羡。俄而，两孙夭，一子随之，巨公亦殁；半载之中，三代沦亡，斩焉绝后；独太夫人在堂，年九十余，如鸡窭老人，不复能言，滴泪而已。按公在朝时，岁遣人、走四方、索币赋，其词甚哀，有不忍道者。人以为不可却，多勉力以供，积而数之，殆不胜记；实亦无所祸福于人，不过借在山之势，故作乞怜之状，以主于必得，得之，而人莫怨，然后享之也安。此其为计甚巧，所谓才与财兼焉者；而不虞一朝弃之，不能挟纤毫从地下也。造物之鉴人也，为善者，欲其不令人知；为不善者，欲其令人知。为善不令人知，阴德是也，故食报必丰。今巨公之取财，使人不知其为恶，其事与种德者相反，而其意同出于阴，宜乎报之亦酷。虽苍苍者大难间，而举此，为巧于取财者之戒，亦一仕路前车也。”

设某巨公能用此书言之法，既积而复散之，必可化奇祸为巨福。然近年来发横财者甚伙，他日必为某巨公之续，可无疑也。如欲保全之，非先读此书不可！夙植厚者，一读而即信，又能实行；夙孽深者，虽读而不信，即耳提面命，亦不能从，或且背道而驰焉。

盖以今世之人，大抵不知幽明之理，以为人死无鬼，一切皆已断灭；故生时所做之事，苟一时有利于己，虽有害于人，不顾也；即人所受之害，其损失过于己之利益，重大至千万倍，亦不顾也；所以欲富己而贫人，贵己而贱人，寿己而夭人，一切杀盗淫妄等十恶大罪，无不放胆为之。而不知寿算尽时，生前一切怨鬼，皆来索命，死后同至阎王处审判；生前所得之便宜、所作之黑暗事业，皆须一一偿还，或入地狱，或入饿鬼、畜生道中；其所得之业报，与生前所作之十恶，其轻重大小，如五雀六燕之铢两称也。余叙此书，而略述因果轮回之事，以劝世人。质诸云台先生，以为何如？

代序五　读《保富法》有感

马荫良（曾任职《申报》馆经理）

第5参—解脱长者

最近读了聂云台先生的《保富法》，心中很有许多感触。聂先生虽然说保富，可是口口声声劝人不富，并且更进一步劝把富一己的心思，移到富大众方面去。我说，聂先生的真意，只有两点：第一，保富不如不富；第二点，富群方能富己。

财富是没法子保守的。老子说：“金玉满堂，莫之能守。”又说：“多藏必后亡。”这是理论，说得明明白白。至于事实，聂先生说得更清楚，最后结论是：“数十年所见富人，后代全已衰落，六十年来文武大官世家都已衰落，后人不兴。”因为私人财富是一种罪恶。聂先生说：“贪财不贪财，关系别人的利益幸福甚大，发财便能造罪，不贪财方能造福。”所以富家的必贫，等于罪犯之难逃法网。财富没有绝对的标准，替财富下定义很困难。不过财富至少含有两种意义：一，有；二，有余。可是因为你的有，就发生人家的无。因为你的有余就发生人家的不足。并且，因为少数的“有”，就有多数人的“无”；少数人的“有余”，就有多数人的“不足”。这是明明白白的事实，所以天道要损“有余”以补“不足”，使世界上无形中有一个制裁。惟有不富的人不受这个制裁。所以聂先生说：“惟有不肯发财的几个大官，子孙尚能读书上进。”林文忠公的禁烟，就是一个最好的例子，他不愿因为个人的发财，贻害全国的国民，死时家无积蓄，死后子孙代代书香不绝，可见保富不如不富。

但是人生下来就有欲望的，任何人都有欲望永久地吃饱穿暖，住好房子，有好娱乐。怎么样能够达到这个目的呢？我说，很简单，只有大家能吃饱穿暖的时候，你方才能够永久地吃饱穿暖；只有大家能够住好房子，有好娱乐的时候，你方才能够永久地住好房子，有好娱乐。只有大我的利益是小我的永久利益，小我单独的利益是不能够永久的。《华严经》说：“若令众生欢喜者，则令一切如来欢喜。”聂先生说：“欲求得福，须多造福于人。”又说：“有官极大，发财的机会极多，而不肯发财，念念在救济众人的，子孙发达最昌盛，最长久。”范文正公不愿把苏州南园做私人的家园，而捐做苏州的学宫，使苏州子弟都能够念书，同时他的子弟也就永久能够念书。还就是儒家所说的“独乐不如众乐”、“百姓足，君孰与不足”的道理，在现在的各个环境下看来，更觉得亲切有味。可见得先要使大家发财，个人方才能够享受财富的乐趣，所以说“富众方能富己”。

南无花部母

第一辑 《保富法》

聪明的发财者，是以财养善，以钱护道，以金济贫，由助人之中发现自性的爱心与快乐。这种人能够以有形之钱，换取无形的功德，吾说这才是真正的“保富法”。

——清虚宫弘法院

善财童子五十三参

第6参—海幢比丘

俗话说：发财不难，保财最难。我住在上海五十余年，看见发财的人很多。发财以后，有不到五年、十年就败的，有二三十年即败的，有四五十年败完的。我记得与先父往来的多数有钱人，有的做官，有的从商，都是煊赫一时的，现在已经多数凋零，家事没落了。有的是因为子孙嫖赌不务正业，而挥霍一空；有的是连子孙都无影无踪了。大约算来，四五十年前的有钱人，现在家务没有全败的，子孙能读书、务正业、上进的，百家之中，实在是难得一两家了。

不单是上海这样，在我湖南的家乡，也是一样。清朝同治、光绪年间，中兴时期的富贵人，封爵的有六七家，做总督巡抚的有二三十家，做提镇大人的有五六十家，现在也已经多数萧条了。其中文官多人，财产比较不多的，后人较好。就我所熟悉的来说，像曾、左、彭、李这几家，钱最少的，后人比较多能读书，以学术服务社会：曾文正公的曾孙辈，在国内外大学毕业的有六七位，担任大学教授的有三位；左文襄公的几位曾孙，也以科学专长而闻名；李勇毅公的孙子辈，有担任大学教授的，曾孙也多是大学毕业；彭刚直公的后人，十年前，有在上海做官的。大概当时的钱，来得正路，没有积蓄留钱给子孙的心，子孙就比较贤能有才干。其余文官比较钱多的十来家，现在的后人多数都是萧条了。武官数十家，当时都比文官富有，有十万、廿万银两的；（多数是战事平定以后，继续统兵，可以缺额，才能发财；至于拥有五六十万到百万银两财产的有三四家，如郭家、席家、杨家等，都是后来从陕西、甘肃、云南、贵州统领军务归来的人。金陵克复的时候，曾国藩因为湘军士气不振，所以全部遣散，剿捻匪的时候，改用淮军，所以湘军的老将，富有的非常少。）各家的后人，也是多数衰落了；能读书上进的，就很少听见了。

我家与中兴时期的各大世家，或湘或淮，多数都是世代相交的关系，所以各家的兴衰情形，都略有所知。至于安徽的文武各大家，以前富有丰厚

善财童子五十三参

第7参—休舍优婆夷

的，远远胜过了湘军诸人，但是今日都已经调零，不堪回首了。前后不过几十年，传下来才到了第三代，已经都如浮云散尽了。然而当时不肯发财，不为子孙积钱的几家，他们的子孙反而却多优秀。最显明的，是曾文正公，他的地位最高，权力最重，在位二十年，死的时候只有两万两银子；除乡间的老屋外，在省中未曾建造一间房子，也未曾买过田地一亩。他亲手创立的两淮盐票，定价很便宜，而利息非常高；每张盐票的票价二百两，后来卖到二万两，每年的利息就有三四千两；当时家里只要有一张盐票，就称为富家了。曾文正公特别谕令曾氏一家人，不准承领；文正公多年，后人也没有一张盐票。若是当时换些字型大小、花名，领一两百张盐票，是极其容易的事情；而且是照章领票，表面上并不违法；然而借着政权、地位，取巧营私，小人认为是无碍，而君子却是不为啊！这件事，当时家母知道的很详细，外面人是很少有知道的。《中庸》上面说到："君子之所不可及者，其惟人之所不见乎。"（这叫做表里如一，即是诚意、毋自欺，这是中国政治学的根本；如果无此根本，一切政治的路，都是行不通的。）文正公曾经对僚属宣誓："不取军中的一钱，寄回家里。"而且是数十年如一日；与三国时代的诸葛公是同一风格。因此，当时的将领僚属，多数都很廉洁；而民间在无形当中，受益不小。所以躬行廉洁，就是暗中为民造福；如果自己要钱，那么将领官吏，人人都想发财，人民就会受害不小了。

请看一看近数十年来的政治，人民所遭遇的痛苦，便知为人长官的廉洁与不廉洁，真是影响非常大啊！所以，《大学》上说："仁者以财发身，不仁者以身发财。"《孟子》说："为富不仁，为仁不富。"因为贪财与不贪财，关系着别人的利益、幸福很大；所以发财便能造罪，不贪财方能造福。世人都以为积钱多买些田地房产，便能够使子孙有饭吃，所以拼命想发财。今天看看上述几十家的事实，积钱多的，反而使得子孙没饭吃，甚至连子孙都灭绝了；不肯取巧发财的，子孙反而能够有饭吃，而且有兴旺的气象。平常人又以为全不积些钱，恐怕子孙会立刻穷困；但是从历史的事实、社会的经验看来，若是真心利人，全不顾己，不留一钱的人，子孙一定会发达。现在我再举几个例子来说：

宋朝的范文正公（范仲淹），他做穷秀才的时候，心中就念念在救济众人；后来做了宰相，便把俸禄全部拿出来购置义田，赡养一族的贫寒。先买了苏州的南园作为自己的住宅，后来听见风水家说："此屋风水极好，后代会出公卿。"他想，这屋子既然会兴发显贵，不如当做学堂，使苏州人的子弟，在此中受教育，那么多数人都兴发显贵，就更好了。所以就立刻将房子捐出来，作为学宫。他念念在利益群众，不愿自己一家独得好处。结果，自己的四个儿子，做了宰相公卿侍郎，而且个个都是道德崇高。他的儿子们曾经请他在京里购买花园宅第一所，以便退休养老时娱乐，他却说："京中各大官家中的园林甚多，而园主人自己又不能时常游园，那么谁还会不准我游呢！何必自己要有花园，才能享乐呢？"范先生的几位公子，平日在家，都是穿着朴素衣服。范公出将入相几十年，所得的俸钱，也都作了布施救济之用；所以家用极为节俭，死的时候，连丧葬费都不够。照普通人的心理，以为这样，太不替子孙打算了，谁知道这才是替子孙打算最好的法子。不单是四个儿子都做了公卿，而且能继承他父亲的意思，舍财救济众人。所以，范家的曾孙辈也极为发达，传到了数十代的子孙，直到现在，已经是八百年了，苏州的范坟一带，仍然有多数范氏的后人，并且还时常出优秀的分子。世人若是想替子孙打算，想留饭给子孙吃，就请按照范文正公的存心行事，才是最好的方法。

梵王帝釋

善财童子五十三参

第8参一毗目瞿沙仙人

再说元朝的耶律文正公（耶律楚材），他是元太祖（成吉思汗）及元世祖的军师，军事多数是由他来决策，他却是借此而救全了无数的人民。因为元太祖好杀，他善于说话，能够劝谏太祖不要屠杀。他身为宰相，却是布衣蔬食，自己生活非常的刻苦。他是个大佛学家，利欲心极为淡泊。在攻破燕京的时候，诸位将领都到府库里收取财宝，而他却只吩咐将库存的大黄数十担，送到他的营中；不久，就发生了瘟疫，他用大黄治疗疫病，获得了很大的效果。他也是毫无积蓄，但是他的子孙，数代做宰相的，却有十三人之多。这也是一个不肯积钱，而子孙反而大发达的证据。

再说清朝的林文忠公（林则徐），他是反对英国，以至于引起了鸦片战争的伟人。他如果要发财，当时发个几百万，是很容易的。他认为鸦片贻害人民，非常地严重，所以不怕用激烈的手段，烧毁了鸦片两万箱。后来，英国人攻广东，一年攻不进，以后攻陷了宁波、镇江。清朝不得已，就将林文忠公革职充军，向英国人谢罪谈和。林公死了以后，也是毫无积蓄，但是他的子孙数代都是书香不断，孙曾辈中尚有进士、举人，至今日仍然存在，数年前故世的最高法院院长林翔，也是其中的一人，而且道德亦非常的崇高。这又是一个不肯发财，而子孙反而大发达的证据。

再看林公同一个时候发大财的人，我可以举几个例子：就是广东的伍氏及潘氏、孔氏，都是鸦片里发大财至数百千万银两的。书画家大都知道，凡是海内有名的古字画碑帖，多数都盖有伍氏、潘氏、孔氏的图章，也就是表明了此物曾经在三家收藏过，可见得他们的豪富。但是几十年后，这些珍贵的物品，又已经流到别家了。他们的楠木房屋，早已被拆了，到别家作妆饰、木器了。他们的后人，一个闻达的也没有。这三家的主人，总算是精明能干，会发这样的大财。当时的林文忠公，有财却不肯发，反而弄到自己被革职办罪，总算太笨了吧！然而至数十年以后，看看他们的子孙，就知道林文忠公是世间最有智慧的人，伍氏、潘氏、孔氏，却是最愚笨的人了。

上海的大阔老很多，我所认识的，也可以举几个例子：一个是江西的周翁，五十年前，我在扬州鄙岳萧家，就认识这位大富翁。（当时的这两家同是盐商领袖。）有一天，周翁到萧家，怒气勃勃的，原来是因为接到湘潭分号经理的来信，说是湖南发生了灾荒，官府向他们劝募捐款，他就代老板周翁认捐了银子五百两，而周翁嫌他擅作主张，捐得太多，所以才发怒。那时他已有数百万银两的财富，出个五百两救济，还不舍得。后来住在上海，有一天，谭组安（谭延闿）先生与他同席，问他如何发到如此大富？他说，没有别的法子，只是积而不用。他活到八十多岁才死，遗产有三千万元；子孙十房分了家，不过十几年，就已经空了。其中有一房子孙，略能做些好事，这一房就比较好，但也是遭遇种种的意外衰耗，所余的钱也不多了。若是以常理来说，无论如何，每房子孙都有三百万，不会一齐败得如此之快。然而事实上，却是如此。若是问他如何败法，读者可尝试着闭目一想上海阔少爷用钱的道路，便能够明白，不用多说了。这位老翁，也是正当营业，并未取非分之财；不过心里悭贪，眼见饥荒，而不肯出钱救济；以为积钱不用，是聪明。却不知道此种心念，完全与仁慈平等的善法相违反，我若是存了一家独富之心，而不顾及他家的死活，就是不仁慈、不平等到了极处。除了本人自己受到业报外，还要受到余报的支配，也就是《易经》所谓的余庆、余殃的支配；使独富的家败得格外地快，使大众亲眼见到果报的昭彰，能够醒悟。（而本人所受的果报，若不是现世报，则旁人是不能见到的。）

善财童子五十三参

第 9 参—胜热婆萝门

再说一家，是上海十几年前的地皮大王陈某，家中的财产有四千万银元，兄弟两房，各分两千万。一九二五年，我到他家吃过一次饭，他住的房屋十分的华贵，门前有一对石狮子，是上海所少见的。他的客房，四面的墙壁全部都装了玻璃架，陈列的铜鼎，都是三千年的古物。有一位客人，指着告诉我说："这一间房子里的铜器，要值银元一百五十万。中国的有名古铜器，有一半在此。"这几句话，正是主人最高兴听的。原来一般富人的心理，就是要夸耀我有的东西，都胜过一切的人。而惟有道德名誉是钱办不到的，这些富人无可奈何，只好在衣服、珍宝、房屋、器具上，争豪斗胜，博得一般希望得到好处的客人来恭惟奉承。（骄奢两字是相连的，骄就是摆架子，奢就是闹阔。上海常看见的是大出丧，一日之间，花费一二十万的银元，以为是荣耀。但是若要请他们出几千元帮助赈灾，就不大容易了。这是普通人多有的卑劣自私的心理，并非是单说某一家。这一位主人，当然也未能免俗。）在我看见他之后，不过才七年的时间，上海地价忽然惨落，加以投机的损失，以至于破产。陈家的古铜珍宝，房屋地产，一切的一切，都被银行没收变卖，主人也搬到内地家乡去了。

再说一个实例，就是上海"哈同花园"的主人，近日报纸上常有讥讽的评论，说他们生平，对于慈善事业，不肯多多帮助，并说他有遗产八万万银元。试一设想，财产八万万的收入，就照二厘的利息来计算，每年也应该有一千六百万，如果他们肯将这尾数的六百万元，用作救济灾民之用，那么全上海的难民，就可以得救了。在三年前，上海的难民所中，有十万人，每人的粮食，以每个月两元计算，全年不过才两百余万元。到去年米贵的时候，难民所中的难民才不过一万几千人，每人的月费三十元，一年共五六百万元，也还不过是他们收入年息的三分之一罢

女归去晚笑撚一枝云鬓斜
沈石友句昌硕录时甲辰夏

善财童子五十三参

第10参—慈行童女

了。再说上海死在马路上的穷人，去年将近有两万多人，前年不过一万多人，再前年不过是几千人；就单说去年米贵，死人最多的时候，如果办几个庇寒所和施粥厂，养活这两三万人，也不过一年花个五六百万元就够了。这在他们来说，不过是九牛的一毛，然而这一毛，却是舍不得拔。如果能花几百万元，就能救几万个穷民。他自己家用，若是没有特别地挥霍，就是无论如何的阔绰，还是可以将一年所余的利息若干万来用做储蓄的。这样一来，一方面得到了美名誉，一方面做了救人的大功德，再一方面又仍然每年增加了若干万的积蓄。这样的算盘，实在是通极了。然而他们却没有这样智慧的眼光，一心只想这一千六百万元，一滴不漏，全部都收到自己的银行账上，归为己有，任意地挥霍。竟然没有想到这肉身是会死的，自己既无子女，结果财产全归了他人。几万万的财产，一旦变为空花，只是徒然地带了一身的罪业，往见阎王，而且又遗下了一片不美的口碑，留在这个社会。

他们也挂信佛的招牌，但是全不知道《药师经》上开宗明义，就详细地说明了悭贪不舍的罪过。经上说："有诸众生，不识善恶，惟怀贪吝，不知布施及施果报；愚痴无智，缺于信根，多聚财宝，勤加守护。见乞者来，其心不喜；设不得已而行施时，如割身肉，心生痛惜。如此之人，由此命终，生饿鬼界，或畜生道。"因为大富之人，钱财有余，自己也没有用处，明知道多数人将会饿死，却不肯施财救济。若是从道德上责备起来，这简直是间接地杀人。积钱最多，力量最大，而不肯布施的，他所负的杀人罪就更重了。譬如见到一个极小的孩子，站在井边，快要落井了；有一个人在旁站着，全不开口，也不拉开这个小孩，而让他落井死了。我们一定会说，这个孩子算是被他杀死了一样。而富人见灾不救，正是一样。何况是大富如此，连利息的一小部分都不肯舍，那么马路上死的几千几万的饥民，岂不是要算他杀死的一样吗？杀死几千几万人的罪过，难道是用骄慢心，以信佛作为幌子，勉强花点挥霍不尽的小钱，做点专卖面子的善事，就以为自己已经是做了功德，便可以免除一切的罪过么？我想恐怕天地鬼神，决不会如此含糊地宽恕他。之所以我说这一段事实，就是希望大家能够分别真伪，打破心里的悭贪，切不可蹈积财不施的覆辙！

俄国的大文豪托尔斯泰曾说过：“现在社会的人，左手进了一百万元，右手布施了一二元，就称为是大慈善家。”由此可知这种行为，是世界的通病。但普通人，还情有可恕，至于信佛的人，应当勉力改之。总要大家发起真慈悲心，救济一切苦难同胞，以念佛修慧为正行，以力行种种善事。救人修福为助行，庶与佛法福慧双修，正助分明，不偏不枯才好。我略将上文结束，条例如下：

一，数十年来所见富人，后代全已衰落；二，六十年（此文写于1942～1943年间）来文武大官世家，都已衰落，后人不兴。三，惟有不肯发财的几个大官，子孙尚能读书上进；四，官极大，发财的机会极多，而不肯发财，念念在救济众人的，子孙发达最昌盛，最长久，一一都有历史事实为证；五，上文举几个实例，有的三千万，四千万，及几万万的几家，忽然一旦全空。这几家都是不肯做救济善举的；六，大富者，只顾自己阔绰享用，积钱留与子孙后代，见有饥荒，却不肯出大宗的钱救济灾难，无异犯杀人之罪，是要受道德上的谴责、业报的支配的；七，佛法的天理，就在人人心中。人人感谢的人，天就欢喜，人人所怨怒的事，天就发怒。古语说“千夫所指，无疾而终”，《尚书》云“天视自我民视，天听自我民听”，《华严经》云“若令众生生欢喜者，则令一切如来欢喜”。所以欲求得福，须多造福于人，否则，佛天亦无可奈何；八，富人求神拜佛烧香念经，若不起大

慈悲心舍财济众，仍是与佛法不相应。

总而言之，保富的方法，必须要有智慧的眼光，也就是要有辽远的见识与宏大的心量。以上所说范文正公等几位，就是属于此类。而其余不善于保富的人，普天之下滔滔皆是啊！他们不能使子孙长保富厚，只因为是自己的智慧不够；能见到一点，却遗漏了万端，只看不到内涵；简单点说，他们看历本，只看见初一，还不知道明天有初二，更不会晓得年底有除夕，但是像这等愚痴的人，虽然很多，而社会有慧根的人也不少，一经人点拨，即可觉悟，智慧的眼光忽然就会开朗了。

再讲到如何是智慧的做法，请细细玩味老子《道德经》上的两句话：“既以为人，己愈有；既以与人，己愈多。”本篇文所叙述的范文正诸公的几个例子，就是这两句话的注脚。须知老子是世界最高哲学中的一个，（《道德经》与道士的道教全无干涉，不可误认老子即是道教。）他的政治、经济、军事学也都极为高明，他的人生哲学，是不能为时代所动摇的。老子学说的精义，有一句是：“反者，道之动。”大意是要反转过来，就是幡然觉悟的动机。他的整部书多半是说明这个道理。再引两句如下：“知其雄，守其雌，为天下溪。知其白，守其黑，为天下式。”雄者，譬如是有钱有势，可以骄傲，乃人人所贪图的；惟有智慧的人，反过来，却是要避免这样煊赫的气焰，极力地向平淡卑下的方面做去，免招他人的嫉恨。“为天下溪”这句话是众人反而归服他的意思。“白”者的意思，譬如做大官，享大名，体面荣华，别人羡慕，这也是人人所求之不得的。但是有智慧的人，反过来，却要避免体面荣华，极力地韬光养晦退让谦虚。《中庸》说：“衣锦尚絅，恶其文之着也。”譬如穿着锦绣的衣服，却要加上罩衫，不愿意使锦衣露到外面。这是表明了君子实修善义，不务虚名，以避免产生负面的影响，此种人更为社会所敬重。这些见解，都是与世俗之见相反的。换句话说，违背了情感欲望，以求合乎理智，这种话，多数人是不入耳的，或者以为这是讲天文学，不能懂。然而社会上也有不少具有慧眼的人，当然是会赞许的。

善财童子五十三参

第11参—善见比丘

中篇

天道是什么呢？《易经》上说：“一阴一阳之谓道。”这个阴阳，不是虚玄的，一一都有事实可以作为依据。譬如，有日必有夜，有寒必有暑，有春夏就有秋冬，有潮涨就有潮落。由这些自然界的现象来观察，一一都是一盈一虚，一消一长。从这个道理推及到人事，也是如此。例如说人事的一盛一衰，一苦一乐，一忧一喜，一治一乱等。但是天时的阴阳，有一定的标准，是万古不变的；而人事的盛衰，则是随着人心的动向，变化无常。这种无常的变化，乃是依着天道一阴一阳有一定的标准，牵发而来的。我们试说如下。

比如说一个人若是喜欢骄傲，就一定会有忽然倒架子的时候到来；一个人若是喜欢懒惰安逸，就一定会有极困苦的日子到来；一个人若是喜欢悭吝贪钱，就一定会有嫖赌浪费之子孙替他破败；一个人若是喜欢机巧计算，就一定会有糊涂愚笨的子孙被人欺骗。这些变幻的人事，有智慧的人，自然会留心看得出来，晓得与日月起落、寒暑往来的道理是一样的。天道是个太极图，半边是黑的，半边是白的，中间有一个界限；过了这个界限，阴阳失去了平均，就要起变化了，这叫做阳极则阴生，阴极则阳生；换句话说，就是盛极必衰，消极必长。

古今以来的伟大圣哲，都能够洞悉明白这个道理，所以教人常须自己立在吃亏的地位，就是要谦卑退让，舍财不贪，克己利人。凡俗之中，没有见识的人，是一定不肯做这种吃亏事的。在新学家而言，还要讥笑地说，这是消极的道德。要知道一切伟大积极的事业，都是由这种消极的道德人做出来的：因为惟有消极地克己，才能够积极地利人；惟有舍财不贪，才能兴办公众的利益；惟有谦卑退让，才能格外地令人尊敬钦佩，做事也格外的顺利，容易成功。开始似乎是吃亏，后来仍然是会得到大便宜的。

浅见无知的人，只能看见一切事物的表面，不能看见事物的对面。譬如像下棋一样，只看得一着，看不到第二着、第三着。不知道世间事都是下棋，我若是动一着，对方就要应我一着，而且马上就有第二三着跟着来。佛法明确说明了这一因一果、感应的道理。我把下棋拿来做比喻：我们说一句话、做一件事，都是对人动了一着棋；我们出言做事的时候，心中打定的主意，就是对天公动了一着棋；一切人、一切物，都是我们下棋的对手。

我们对一只狗，表示好意，狗就会对我们摇摇尾巴表示亲热；若是恶声对它，它就会耷下尾巴走开。对人则更不用说了！我若是对待别人谦和宽厚，别人就会感谢；若是待人骄傲刻薄，别人就会怀恨在心；这还是小的对手。若是我们欺凌了没有能力的人物，或是存心害人，或是用巧妙的手段占人家的便宜，他们受了损害还不觉得。或是藉着特别的地位，例如做官、做公司的经理等职务，暗中谋取私人的利益；或是自己富厚，而对于灾难不肯救济，自己家里却是享用舒服。这些事，众人固然是无可奈何，法律也办不到他，他算是棋赢了，他对方的棋都输了。可是天道却是不许他赢，会替众人做他的大对手，老天只要轻轻地动一着，就叫他满盘棋子都呆了，到底使得他一败涂地。这叫做

水精觀音

善财童子五十三参

第 12 参—自在主童子

“人有千算，天只一算。”我们天天都是在对人下棋，实际上是在对天下棋；若是对人赢得愈大，就会对天输得更厉害。反过来讲，若是对人肯放松些，还处处帮旁的人一着，使旁人免得输，而我自己的棋，也是不会大输的，反而要对天赢了一盘很大的棋呢！

上面所说的范文正公，是个最显明的例子。他本来很穷，做了将相几十年，到死的时候，仍然没有私人的田产园宅。若是从俗人的眼光看起来，他算是白忙了一世，然而他对天却是赢了一盘大棋，他的子子孙孙，多是贵盛贤才啊！其余的像耶律文正公、林文忠公、曾文正公几位，都是肯输棋的，到后来都赢了天公一盘大棋。而那些会赢棋的许多人，发了几十万、几百万、几千万、几万万财的，却是后来被天动了一着，就都输完了。古人说的：“人定胜天，天定亦胜人。”天定就是一定的天理。阴阳的定律，是要均衡的，人们做的事情过了分，就是失了平均。由于我们的心，先违反了阴阳定律的中和，所以起了反应，受到阴阳定律制裁，使回归到均衡的状态。天公下棋，是不动心，也不动手的，而人们就自然输了。譬如对墙壁抛皮球，球自然会回抛过来，抛的力量越大，球回的力量也更大，而墙壁本身，亦并未动手费力。所以《书经》上说：“天作孽，犹可违；自作孽，不可活。”《孟子》说：“出乎尔者，反乎尔者也。”意思就是自作业，自受报。这跟佛经上所说的“自造因，自结果”正是一样的道理。

而所谓的人定胜天，也不是真正地胜了天，这是说人照天的定理，存心做事，终究会得到后来的胜利。本来穷困的，后来亨通了；本来忧患的，后来得到安乐。这样的胜利，便是天理的胜利。我虽然说善人对天赢了棋，实际上就是天赢了。须知天道是永不会输的。天道一阴一阳的平均，就是中道，又称中和。《中庸》上说："致中和，天地位焉，万物育焉。"世间的人事若是失去了平和，就会引起天道的变化。就像战争及饥荒此类的大劫数，都是由于人事的不公平、人心的不中和而引起的。人与人之间的斗争，国与国之间的斗争，无论暂时的胜负如何，结局仍然是两败俱伤；就是暂时胜利的，也将终归于失败。请翻一翻世界各国的历史，就知道赢棋的，到底还都是输了，这就可以知道天理终究是公平的。人心的不平不和，终究是会被天理裁制的。

世间的人类，男人与女人的数目，永远是平衡的。有姓张的一母生十男，也有姓李的一母生十女，所以合起全世界的计数，男女的数目，不会相差太大的。这就证明了天道的公平，与阴阳的中和，其中有不可思议、自然调整的能力。若是我们想要仗恃着我们的本领，来违反天理中和的能力，最后毕竟是要自己吃苦头的。如果若是天理阴阳没有裁制调整的力量，那么男女数目，也不会永远地平均。世间一切事情，都会永久失去了公平，而强的、巧的则永远富贵，善人也永远无法抬头了。

欧美人用短浅的眼光来观察天理，以为世间只有强的、巧的会得到胜利，安分懦弱的，应该被人制服，所以名为"优胜劣败"。这种不究竟的学说，引起了世人的骄满作恶：骄就是有所恃而无恐，我有势力，不怕你，摆架子，显威风；满就是有势要用尽，有福要享足，专顾自己的私利，不替他人设想，只管目前快意，不为日后顾虑。德国、日本等国家的野心侵略，就是被此等学说所误啊！

天道是非常简单的一件事：就是过分的，要受到制裁；吃亏的，要受到补益。中国的圣哲，儒家、佛家、老庄的垂训，都是反复地叮咛，说明这个道理。《易经》上说："天道亏盈而益

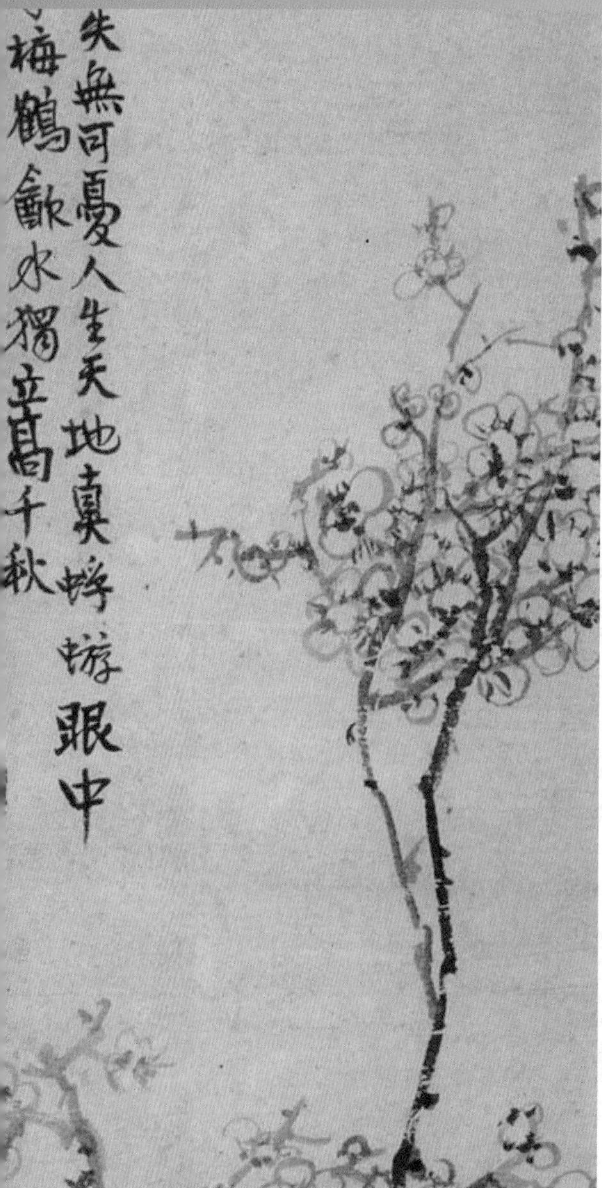

谦，地道变盈而流谦，鬼神祸盈而福谦，人道恶盈而好谦。”《尚书》说：“满招损，谦受益，时乃天道。”又说：“惟天福善祸淫。”（这个淫字，不是单指性欲，而是指一切事情的放纵与过分，可以说就是骄满。又再具体地说，就是骄奢淫逸，贪狠暴横。）淫字的对面就是善。善字的意义甚为广泛，若是要确切地说明，众善都含有谦德的意义，都是以谦德为基本。《易经》是说明天道的书，乾坤两卦是总说天道的大意。乾卦说：“能利天下，而不言所利。”这就是谦德的意义。坤卦说：“坤虽有美，含之以从王事，不敢成也。”这句的解说，是才华不露，功名不居，就是不务名，不夸功，也是谦德的意义。《金刚经》说：“度尽众生，自觉未度。”又说：“布施济众，不觉有施。”这是世界最高的道德，也包含了谦德在内。

再说，孝悌忠信礼义廉耻，都是义务心重，权利心轻。而义务心，是自己觉得我对他还有义务应尽，这就是谦。世间作恶的人，不过是权利心重，没有义务心。古语说重利轻义，正是谦德的反面。所以，一切道德都在谦德里面：由谦发动，对父母兄弟，就是孝悌；对社会人群，就是忠信礼义廉耻。凡人对于谦德善行，都是恭敬欢喜；而对于骄满恶行，都是怨怒隐恨。那么天道的降福降祸，说是天道，实是人情；说是天降，实由自作啊！上面的文已说过，天道就是人事的表现，《尚书》说：“天视自我民视，天听自我民听。”《华严经》说：“若令众生生欢喜者，则令一切如来欢喜。”所以，我们为善加福于人，我们自然还得其福；我们为恶加害于人，我们自然还得其祸。从此可知，我们对面的一切人、一切物，就是天，随处都是有天理存在其中的。除此以外，更没有别的天理可以表现。

那么我们对他们做事、说话，起念头、表示脸色，都要格外的小心注意。虽然他们或是愚笨，或是怯懦，或是老弱、孤儿、寡妇，无人帮助；我们若是欺凌了他们，我们在不久的将来，我自己或我的子孙，也会同样的愚懦孤寡，被人欺凌。反过来说，若是我们对于这些无力可怜的人，心存慈愍，并且设法帮助他们，后来我也会得别人的帮助，而我的子孙则永远不会愚懦孤寡，被人欺凌了。这种天理循环的感应果报，有智慧眼光的人，自然能在社会上，一家一家的人事上来观察，更可以在历史上，一个一个善恶的人的结果来证明。这也是社会科学中最重要的一件事啊！

一九四二年六月云台卧病书

善财童子五十三参

第13参—具足优婆夷

下篇

去年（一九四二年）春天，我曾经写了《保富法》上、中两篇文章，送请《罗汉菜月刊》刊出；后来因为患病卧床，未能继续撰写下篇。今年春天，经荣柏云、黄警顽两位先生将该文再送登《申报》，颇受读者们赞许，并有许多人出钱印单行本；但是因为没有见到下篇，而感到遗憾。

我写下篇的计划，原本想专门收集些古人行善积德，能使子孙富贵显赫的事迹，作为印证。近来因为编写《先母崇德老夫人纪念册》，恭敬谨慎地叙述了数代祖先的嘉言懿行，并且特别撰写了《七世祖乐山公行医济世善行的果报》这篇文章。七世祖乐山公舍己利人，两百年来，我家多代子孙，都受到他的福德庇佑，可以作为《保富法》这篇文章非常适当的佐证资料。

这虽然只是一家人的私事，但是乐山公的善行事迹，曾经刊载于《府县志》这本书中，而且又为当时的社会贤达所推崇重视；祖先数代的积善事迹，也有历史资料可以考证，堪称足以取信于社会大众。正好是《保富法》的证据，所以将它作为《保富法》的下篇，我想应该会得到读者们的认同。

我时常自我检讨：听闻圣贤的道理，既然已是很晚，知道自己的过错，又已经是太迟；回想生平所作所为，所犯的罪恶过失，不胜枚举，真是愧对祖宗父母、天地鬼神啊！而现在自己则已是衰老迟暮，疾病缠身；更是觉得缺乏补过的勇气和力量，深恐祖先的德泽，自我而堕，从此默默无闻。所以恭谨地撰述祖先的德行，用来告诉后人，使大家能获得一些警惕、启示和策砺，以略补我的过失。

开始的时候，并不敢将此文刊出问世，实在是因为好友们一再的督促与要求，务必要完成《保富法》这篇文章的全文，这才敢将此文拿出刊行，并盼望能对读者们有所交待。

一九四三年四月

聂云台卧病书

南無斷城世尊佛
南無郎婆靈佛

七世祖乐山公行医济世善行的果报

（一）乐山公善举

我家祖籍是江西，从九世祖起龙公才开始迁居湖南衡山。七世祖乐山公出生于清朝康熙十一年，也就是一六七二年。他的学问积得很深，文章做得很好，但却未参加考试，而是跟从祖父学医，并开了一家小药店。因为他的医术精良而且又乐善好施，所以医名大著。后来因为药店被偷，因此关店歇业，还抵押了住的房子还债，暂时迁居乡下。当时的地方官绅，因为乐山公行医救人，遭此不幸，于是就凑了钱协助他赎回原来居住的房子，另外再租一间房屋开药店。康熙四十二年，也就是一七零三年，衡山发生了大瘟疫，求医的人昼夜不断，因而救活了很多人，而乐山公对于穷人和受刑犯救济尤其的多。当时的县长葛公，以乐山公的盛德及博学多闻，特别聘请他到县府里担任幕僚。并且向乐山公说：“你存心救人，我没法报答，就教你的儿子读书成名，作为对你济世救人的回馈吧！”乐山公接受了葛县长的建议，就送儿子先焘进入了雯峰与集贤两书院读书。后来先焘不久即考中了举人，又考中进士。乐山公当时已六十七岁，送儿子进京参加会试，经过一个名叫滠口的地方（就是现在湖北省黄陂县西南四十里处），正好碰到严冬的时候发生了瘟疫，经乐山公医治的病患，都能立即病愈。乐山公七十四岁的时候，又带领儿子进京等候任用，经由运河北上，当时的运粮船工有许多人得了传染病，经乐山公医治都能立刻痊愈。此事遍传于各粮船间，许多粮船的病患，纷纷于船旁呼叫，并用绳子将乐山公乘的船系住，使船无法前行。乐山公不忍见死不救，就嘱咐儿子先焘，改从陆路雇乘骡轿赶赴京城，自己留下继续治病救人。经过了几个月，等到传染病停止了，他才到达京城。（人若是能够放下自己重要的事情去救人，实在是最难能可贵的了。）此时正好先焘已奉派担任陕西省镇安县的县长，乐山公于是陪同儿子上任。到达镇安县以后，指示山地民众，就地采药，以增加收入。次年，返回湖南衡山老家后，即寄信给儿子，教他爱民治世的方法和道理。信中情词恳切，被儿子的上司陕西巡抚陈文恭见到，大加称赞，即将这封信印发送给全省的官府参考，以资策勉。这封信以后被刊入《皇朝经世文编》这本书中，为世人所传诵。

善财童子五十三参

第 14 参—明智居士

乐山公在衡山的时候，常到监狱里为犯人义诊。儿子富贵显赫的时候，乐山公已经八十多岁了，仍然常到监狱探视病患义诊。县官见他年老，派人向乐山公辞谢，他回答说：“救人是我最快乐的事情。”乐山公八十四岁的时候，儿子先焘因为继母逝世辞官回家，而又因为父亲年事已高，就决定不再复出做官。在某一天的深夜里，大雪纷飞，有一个病患的家属敲门求医外出赴诊，先焘就起身开门，并对来人说：“我父亲年老，深夜不方便惊动，您可否明天早晨再来？”不料这时候乐山公已经听到声音披衣起床，就叫先焘入内室，并且对他说：“这应该是生产急诊，怎么可以延迟医治呢？”于是就穿上木屐随同来人前往赴诊。这种舍己救人的情操，如此的真切着实令人钦佩。所以老天有眼，明察秋毫，报施给乐山公的果报也特别的丰厚。因此乐山公九十三岁的时候，孙子肇奎，获得乾隆壬子年乡试的第二名。曾孙有七人，镐敏、铁敏两人都是翰林，并膺任主考学政的官职；□敏、钰敏两人都是举人，做过县官。镜敏在拔贡考试通过后，派在军机处任职，而镇敏担任京官，□敏则选上孝廉方正。当时人们尊称他们为“衡山七子”。

先高祖母康太夫人七十寿辰的时候，当时的名士阮文达曾送有一副贺联称：“南岳钟宁，南陔衍庆；七旬介寿，七子成名。”贺联的词意贴切，实在是人间佳话啊！

我的祖父亦峰公，是乐山公的玄孙，考中咸丰癸丑年的翰林后，历任广东石城新会的知县，高州府的知府及奏奖道员。而且居官廉洁，尽心民事，造福地方，对于当时所发生的械斗巨案，宽厚地处理，保全了很多生命，积德甚厚。民间还特别建立了生祠来纪念他，可见其受人尊敬的程度。

（二）福泽后裔

我私下常想孟子所说的“君子之泽，五世而斩”这句话的涵义。乐山公的子、孙、曾、玄四代都发了科第做官，到了第五代的亦峰公，也仍然能够积极地行善积德，发扬祖先的遗德；而到了我的父亲中丞公，则更为的贵显。本人则忝为第七代，仍然承受着乐山公的余荫遗泽。所以说乐山公的厚德，泽被子孙，实在是已经超过孟子所说的五代了。探究其原因，乐山公的医术高明能救活病人，已经是不容易了。而医术精又能够轻财仗义，诚心济人，则更是难上加难了。我们所见到各地的许多名医，靠行医而积了不少财，甚至千万、亿万财富的，也大有人在。但是财富能够传到第三代的却是很少，就算偶然有例外，也必然是医术精而且又好行善布施的医生。我真希望能够多遇到几位像这样行善救人的医师应世，才是社会之福啊！近来生活较艰苦，医药又

南无郎婆靈佛
舍利寶塔

昂贵，贫病的人多无力就医服药，这正是医药界发心行善的最好时机了！所以特别在此敬述乐山公行医济人的旧事，希望能提供给医药界的大德们，作为行医济人的参考。

现在我还要再做一些分析与补充。乐山公的医术高明，活人甚多，但是药店被窃，便得要抵押房屋还债，因此可知他的经济情况的确不佳。到了八十多岁的时候，儿子做县长返乡归来，在大雪夜中，仍是穿着木屐步行外出赴诊，我们就可知道，乐山公到了老年仍然是那么清贫啊！（我们今天仍能见到像他这种大善人吗？）四书《大学》上说：“仁者以财发身，不仁者以身发财。”医师、药店都是发财的行业，但是若对贫困的病患义诊、赠药，则不会发财了。然而乐山公虽然不能够发财，而却竟能够发身。当时获得社会大众的一致推崇，可说是德誉盛于当时，名声传于后世了，实在是不容易啊！（乐山公善心的事迹，刊载于陕西的《镇安县志》和《湖南衡州府志》及《衡山县志》等文献中。）子孙连续五、六代都发了科第，而且贵盛，正符合了“以财发身”这句话了。而乐山公和他的儿子都很清贫，孙子肇奎，也就是我的太高祖，虽然做教官，掌理书院，门生很多，然而也是很清贫。不仅如此，曾听到先辈们说，伯曾祖点中翰林的时候，捷报由京城传到家中，高祖母康太夫人，手里正抱着第七个儿子喂奶，就立刻亲自下厨房、做饭款待报捷的人，由此可知家中清寒的程度了！我的曾祖父曾担任京官，死后没有任何的遗产，因此我祖父亦峰公，从小就孤苦而贫穷，在山斋里读书的时候，必须自己煮饭吃。四十二岁的时候，才进入了翰林院。以后曾在广东省担任县长的职务十多年，为官廉洁自持，又常常捐出所得，在地方上提倡各种的善事，例如：育婴堂、种牛痘、修路、造桥、购义地、埋露棺等。因此死后留下的存款不多，所以先父早年的时候，就必须仰赖外出工作的薪资来供给家用。

善财童子五十三参

第15参—海宝髻长者

我的母亲为曾文正公（曾文正公就是清朝的中兴名臣曾国藩先生）的幺女。文正公的家规规定，凡是嫁女儿娶媳妇，花费限用在二百金以内。先母出嫁，是在文正公夫妇逝世后的数年，有奁金三千，也移拨出来，供作家用及代赔垫祖母被某钱号倒掉的款子，以至于个人的积蓄都空了。离开湖南老家，要往东行时，祖母只能给路费银钱六百两，此外则是一无所有了。我母亲中年时，每次谈到当时艰苦的情况，常常是泪随声下；自己身为王侯将相之女，嫁给了数代都是仕宦的大家庭，生活尚且如此的艰难困窘；如果不是亲身经历，实在是难以令人相信啊！

我之所以不厌其烦琐屑地叙述，目的就是要证明“仁者以财发身”，而不是“以身发财”的大道理，实在是有其深远的涵义呀！这里我们所应该注意的重点是：虽然是数代的清贫，而却换得了后代子孙的发达啊！与那些多留财产以害子孙，助长子孙的骄奢淫逸，使得子孙陷于堕落的，两者相互比较，实在是有天壤之别呀！曾文正公曾给自己所居住的房子一个称呼叫做“求阙斋”，并且还写了篇文章记述。他的用意即是在持满戒溢，要居安思危啊！因为这个世间，并无十全十美的事物，“丰于此者，必缺于彼。”所以若想得到精神上的圆满，最好先在物质上要常有些欠缺。所谓精神上圆满的意思，是指父母都健在，家庭和睦，子孙贤达有智慧，并享有天伦之乐，道义之乐等。物质者，是指衣服饮食、车马宫室，乃至官阶财富，一切的享用等。曾文正公常用这个道理来教家人，说家计不宜宽裕，这个与常人的见解恰恰是相反的。文正公又常说，古人有“花未全开月未圆”的话，这乃是智者的境界。因为花全开了，则表示快将凋谢了；月已圆时，转瞬间，即要缺了呀！所谓“盛极必衰，乐极生悲”，这岂是古人喜欢说这些众人听起来不悦耳的话，实在是这些话都是真理啊！而且自古到今，从社会现象中去观察，这句话没有错啊！

善财童子五十三参

第 16 参—普眼长者

而且是历历不爽啊！

俗话也说“世无三代富”，又说“天下无不散的筵席”。有智慧的人，就深深地体会到这个道理，所以处事的时候，就会先考虑到：凡事不要求太过圆满，也不要使得太盛，过了头；对于财物聚散，也有周全良好的计划；而对于自己的生活，遵守着持盈保泰的因果法则；个人的享受不可丰厚；而且时时都要想到街头上那些流离失所三餐不继的穷人啊！常想到各处的善堂，掩埋露天的尸体，为数是那么的多啊！我应当节省自己的享受，去救死恤孤才对啊！因为一念仁慈的心，即能使天地间产生了一种祥和之气；如果付诸行动，则这种详和之气，就会常常环集在我的四周，而且能使家庭子孙都受到福荫。这些道理，只要用心研究古今以来的事实，就可了解此话不虚了！

反过来说，如果只知道贪图自己个人的享乐，而不顾别人的生死苦痛，使用诈术权谋来巧取豪夺，百计钻营。这种人积的钱可以很多，权势也可能很大，谄媚他、恭惟他的人也多得不得了。一时看起来，似乎是非常的显赫，然而天道的盈虚消长，有它一定不变的道理呀！三五十年的时间，转眼就过去了，时间不断地向前推移，景物也不断地变化迁移！原本是陋巷寒微，忽然地崛起，成了暴发户；然而好景不常，豪华的门地，却在瞥尔短暂的瞬间，凋零没落了！因为这世间并没有一个坚固不坏的东西，也没有一个能永久可靠的事业。凡是用巧取豪夺的方法所得到的财富地位，一定是更为快速地悖出败落啊！惟有孝悌忠厚的家庭，修德积善的后代，才能够确实地保有家业，并且是可大可久啊！这些事证历史上的记载很多，而且环顾我们周遭所发生的人事，到处都是呀！所以只要头脑冷静有智慧的人，自然就看得出来了。

节录云台居士卧病随笔

财富之来，不觉之而来；财富之去，也不觉之而去。虽然是用尽了计谋，也实在是白费心机呀！这个道理，其中的因果相当的复杂，也不容易了解。倘若谁能透彻地了解，他必定是具有大智慧的人了。

一切的善事，重点在于发心，而金额的多少，还在其次。若是发心真切而力量不及，虽然钱少而功德却是极大；若是缺乏真实的慈愍心，钱虽多而功德却是很小。子女的智慧愚蠢贤良或是不肖，教育的影响也实在是有限的！儿女体格的强弱、寿命的短长，就是医药卫生，也不是决定性的因素啊！必须要自己多培养慈悲心，常以利人济物为做人处世的目标。如此则子孙可享幸福，可保十分的圆满。希望读者能理解并接受这项理论与观念，为子女多培福啊！

子孙的学问事业，也全是受到父母积德修福的影响。若祖上是刻薄成家，则子孙学业即使是侥幸有成，终究也不会发达长远的。

希望自己的子孙发达，这是人人同此心理，然而结果却是多数适得其反。为什么呢？因为都是不明白“积善之家，必有余

庆；积不善之家，必有余殃”的道理啊！

想要知道培养慈悲心的方法，则首先要明了因果报应的道理，而《德育古鉴》这本书必须常置在案头，经常地翻阅，可保善心，而免淡忘。（按：《了凡四训》也是一本非常值得世人借鉴阅读的书籍。）

善财童子五十三参

第17参—无厌王

《保富法》的应用

杨郁生

何谓富？富为丰厚有余之谓。昔严复译述《原富》书，系引演西哲经济学理而非指一身一家之富。国学者对于富的解释，亦不一致。常人只指有形之富，不知“富有才学”、“富有同情”更为重要。财富的观念由个人心理和社会的心理造成。不论伦理，宗教的，经济的，美术的。一切因需求和供给的变动，每每决定其价值，在社会平衡的估计上，获得数量。金银钱钞，不过为计算上之筹码而已。贫富乃比较上的名称，在富有之邦，衣食足亦不得为富，如吾国频年战祸，民不聊生，正是孙中山先生所谓“只有大贫小贫”，即号为富者亦未必真富也。

何者为富之标准？人人有利己之心，富贵观念，牢不可破。以为不做官，不投机，无以致富；不富无以为荣，不荣无以生势。此庸俗之概见。试问何者为富之标准？当此生活奇艰，富之标准亦最难定：

一，以钱钞为标准乎？钱钞为通货，其价值常在变动之中。

二，以货物为标准乎？值此物资缺少，囤积居奇，故可致富，慢藏诲盗，古人所戒，即使隐藏而保持其富有，不知勤勉生产，而坐吃山空，亦不可恃也。

奉爲聖感靈通大王

善财童子五十三参

第 18 参—大光王

三，以身家性命为标准？世俗之人，但认血肉之躯，以为我身；妻妾儿女，以为我眷；金玉珠宝，以为我富；贪痴妄念，以为我心。将此身心作标准而作千秋万岁之计，遂以之造种种之业，忙忙碌碌，烦烦恼恼。无苦，不知血肉之躯为有形之物，变化无定也；妻妾儿女为身外之眷，聚散无常也；金玉珠宝稀世之珍，别人可攘夺也；贪痴妄念为无明之性，更不可捉摸也。合而言之，生灭无常。如依生理学或解剖学以观察肉体，分析至于极，则知肉体非真我；依社会学一观察眷属，则知个体各自存；依心理学观察精神，则感觉及情绪皆乎刺激反应等诸作用，一切的一切，亦找不着真正的财富之标准。

谁是富？富如何可保？古往今来多少富翁，在生前虽赫赫一时，而食惟三餐，睡仅一榻，亦无幸福可言。石崇之富，以奴辈利其家财，不得善终。象以齿焚，豹以文戮；匹夫无罪，怀璧其罪。处乱世以财富召祸者，何可胜道乎？老子云：“持而盈之，不如其已……金玉满堂，莫之能守，富贵而骄，自遗其咎。”古人以勤俭致富者均莫能守。忆马荫良先生在《申报》上谈到人生问题，说：“保富不如不富，富众方能富己。”确是至言。

保富无他法，“大富由天，小富由人”。人为之富，是自私的；天然之富，是大公的。而物质之富，仅夸耀于当时；精神之富，可流芳于将来。所以道德文章，功勋事业，比之金玉珠宝，田产房屋，各有因缘。今事于精神劳动者，若教师，若廉吏，有读破万卷书而不能领数升米，数尺布，其贫寒可想。然颜回一箪食一瓢饮，人不堪其忧，而孔子称其贤。人各有志，尚精神之乐，不欲保有形之富也。我国老聃之学“无为守真”，佛陀之说“观空妙有”，不食人为之财，而欲保天然之富也。

科学方法，以不外乎循天然之原理。盖人力之精究，可以造就种种财富，如爱迪生发明电灯，瓦特氏发明蒸汽机，斯蒂芬孙发明火车，使全世界增加无量财源。然应用科学方法，从事各种企业，或如合作社之组织“人人为我，我为人人”，可以减轻大众生活之艰困。或如保险公司之聊营，“从统计上预防损失，从互助上分担危害”，可以保障一切灾险之意外，凡此种种，皆有保富意味。

东方道义精神，比之西方种种科学，可保富于久远。盖西方物质文明之流弊，看重私利，但知互相剥削，互相倾轧。古人所谓“居心不仁，则父母兄弟可以成异国；居心而仁，则天物人物皆可为同体”。人人求私富，遂生荆棘于坦道；人人为公富，则化干戈为玉帛，尤望贤明当局，发挥古圣之精神。大学云：“一家仁，一国与仁；一家让，一国与让；一人贪利，一国作乱。”是故人人欲贪私富，则大乱永无宁息之时也。

夫贫病交迫，最为人世之惨，必先求世人之不贫不病，而后自家之财富可保，况财富不是单独的定形的存着，而是交遍的互贯的变化无常的融通于社会。如心为财役，则为财奴。我能施财，则为财主(财之主人)。以社会之财用之于社会，方见智慧。保富方法应用，仍当以人群福利为前提。

佛说：“我不入地狱，谁入地狱？”欲谋社会人群之福利，当先解救众生之地狱生活，大众多贫病颠连数人之富贵，亦无幸福可言，所以为社会服务，是人人应尽之义，当此非常时期（1942～1943年），福利事业，头绪纷繁，兹大别之如此：

一、安三失：失学，失业，失恋。三者为社会不安之源。如青年失学，易入邪途，或不能成才而图建树。《申报》社提倡助

善财童子五十三参

第 19 参—不动优婆夷

学金，意至善也。失业则为游浪而不生产，且影响治安，希望资本家多开工厂，收容流民；政府设救济，使人尽其才，物尽其用，方可谋真正之平和也。失恋是精神上最大的痛苦，希望贤明师长及宗教家循循善导，能使爱情升华，更可振作文化事业，例如歌德因失恋而完成大著作，尤可效法。

二、救三苦：老，病，死。三者为人世之大苦。如养老院，医院及疗养院，施财会，掩埋队及火葬场，已为社会慈善机构所努力办理。近有信佛居士及医师们拟发起佛友疗养院，可以养老，可以养病，并设佛堂，可以虔修，即临终之时，喜闻佛号，心不颠倒，必往生极乐，冀普度三苦。其宗旨仰佛慈悲，即非佛教中病人，不拘何教，亦引为友，随缘疗养，身心兼治，此事愿宏，希望海内大德鼎力赞助。

三、求三多。多福多寿多男子，为古今人所祝福。福是气量宏大的意思，要享福，必须经练修养功夫。希望治学者及硕学鸿儒多办修福讲座，教导大众有礼貌，有气度，有享福的资格。寿是康健长寿的意思，凡德高望重之尊常祝寿时，应请卫生家讲演长寿法，请主妇讲述康健生活，并用素食，以不杀生而推广行善为准则。多男子更为世界所最需要，民族主义之基础也。倘匆伯道无儿，应视他儿如己子。或捐助家财，养助孤儿院及难童教养院，“多难兴邦”。尤望“多难兴邦”也。近世男女平等，妇女为家庭之主干，欲治其国，必先齐其家，家中主妇，有教育儿女，调度财富之责，即三多亦须由妇女为出发点，所以欲“保富”，应先“保妇”，“妇贤福缘”也。提倡妇女修养，亦感人群福利之事业。

上海静安寺星期学术讲座恭聆

读云老居士《保富法》之管见

佛子

窃读大著，揭出天道、天理、中道示人。以为存心做事的标准，初忠后善，无容赞辞。但为学佛同志，于术语不同处，似亦有应予说明者，以期佛儒同而不同之点，不致常人误会，混而不分，姑就所见，表示一二，是否有当，仍请高明裁之。

儒者之称天道，或可作大道解。谓一切事物，都该括在内也。在佛经，则谓之业果，即一切由造业所得的果报。所谓有为法也。有为法，以生灭为相，与儒书言天道之阴阳消长相类。此业果有共、不共。关于个人者为不共，关于世界者为共。

一切有为法，范围广大，故称大道。业因无常，果报亦无常。世间苦乐，人事兴衰，势不能久。此心生灭门，所以令诸有情输转不息。然心性本不生灭，从无始来，无明妄动，遂有生灭。儒者未窥不生灭之源。而但会到此阴阳消长，本来平均。平均，即是生灭之交点。此交点常静，有似不生灭；儒者未能违证不生灭理，但能观察此一交点。即以此交点，为阴阳平均之界限，认为定律。故称为太极。名为天理，其实过此交点，依然生灭。此为佛儒教人方法之所由判。

善财童子五十三参

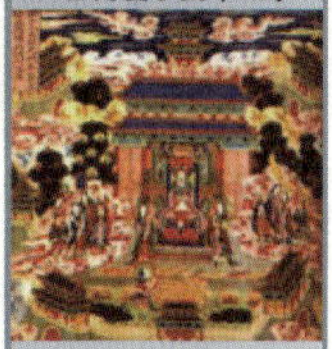

第20参—遍行外道

盖佛则了此生灭，以达不生灭，故得究竟。儒但望此交点相似不生灭以为标准。其实业力所趋，决无真的平均之事。所以循环往复，穷千古而未有已。不过暂得补救耳。佛言万法唯心，心外无法，故可就心识以立言。造业唯心，结果亦唯心。故曰：“一切唯心造。”而果之苦乐，全依业之善恶以为断。欲得何果，皆自心所得做主，不必委诸心外知天命。

儒家则不然，先于心外檦天，再以心为天君，或称天公，以示人之良心。本与天理合，苟本良心做事，即同依于天理，此不若佛家直接会法归心之为愈。盖儒未出世，犹以天在人上，足以主宰我人耳。故徘徊于天心二者之间，而不作直接痛快之语也。试观天作孽，与自作孽对讲，即可知矣。至云天道亏盈而益谦，惟天福善祸淫等语。若不将佛法会归自心作解，则简直是心外之天，大有黄矣上帝，临下有赫之概，则所谓天道者，不几类于外道之天律哉。

总之，此篇言天道有三处：一为一阴一阳之天道，似言其相；二为太极阴阳平均（中和）之天道（又称天理、阴阳定律、中道），似言其用；纯粹儒学教人。（间有引《华严经》语。）自成一家言，不容参加佛学道理。今因著者，既引有佛经语，姑据佛理以相发明，读者幸勿勉强和会可也。

读《保富法》后感怀

岭南逸士初稿

现在能修德，将来可勿谋。“家无三代享，世有百年仇。”知足贫犹乐，贪多富亦忧；风前花弱语，雨后鸟何愁？烦恼非增减，战争是予求。目穷天下满，力竭地中遒。纵欲情狂乱，清心性善流。守真耶释路，免堕恶魔沟。

万有轮回在，吾生往复还；今朝诚灿茂，昔日尚凋残。废木成煤炭，鸟泥伴玉兰；鱼鲜水草发，虎老烟尘翻。百变何由易，全良自择难；同胞物与众，一体人为繁。进化分工作，图存共济餐；勤能宜补缺，仁义以超凡。

平等沿因定，自由立己能；天才用有别，地利义无庚。犬马供驱使，牛羊便宰烹；月明心共赏，瓜熟计调羹。命运随时止，生皆几度登；形神从上下，教义按行层。长者如标榜，儿侪必力耕；利人人我利，衡学学为衡。

善财童子五十三参

第21参—优钵罗华长者

读《保富法》感赋

南通瞿镜人于中国孔圣学会

仁者胞与量，何有一己小；宏愿期大同，春台乐熙皞。慨自世之衰，矛戟相索人；绕各逞其私，富者请长保。石家金穴空，邓氏铜山倒；倘来梦一场，朝露风前草。取固不如予，积亦散宜早。不然供子孙，酒色岂云好。不然身发财，思量绝可恼。从来天下事，历久归于扫。悖入者悖出，毕竟逊天巧。聂侯保富法，平实殊了了。苦心委婉陈，譬证亦不少。一言以蔽之，惟善以为宝。

《保富法》原书跋

自春秋以迄战国，世衰道微，邪说暴行有作，圣人忧之。思有以拯斯民出诸水火也，故孔氏言“善人为邦百年”，孟氏言“善政善教”。方今天下滔滔，干戈扰攘，世道人心较昔尤为激变，时人忧之。于是慈悲为怀，发愿劝世。

余近得聂居士云台所著《保富法》一文，本救世救人之旨，援引善行实例，警觉社会不浅。商得本报陈社长同意刊布后，作家撰文响应，日多一日。本馆社会服务处同仁对此，更加重视。每日虽分段披露，惟恐读者注意力未能集中，特为发起集资另印单行本。告知苦斋主人，慨然捐助巨资，承印五万册；而荣柏云、沈眉孙两居士，亦愿襄助一切。因而闻风嘱托附印者，达两万以上。以今日印刷纸张之胜贵，几千百倍于战前，而各方贤达本济世宏愿，慨斥巨资，足见感人之深，号召力之大。此册出版，凡现代人士，各宜手置一篇，以资广劝。

慈祥恺悌之云台居士，为聂中丞仲芳公哲嗣，曾文正公外孙，世为湘中望族。居士幼时，随侍大德大寿之慈母曾太夫人。日夜课读，深得仁义礼智四端硕训，并领悟文正公忮求诗对己待人要义。国学有根底，科学有深究。中年游历东西洋各国，考察纺织工业。返国后，办理纺织工厂，且造就纺织人才不少。晚年皈依佛法，湛通各宗学派。乐善好施，（施财，施粥，施衣，施药，施棺等，并印送善书百余种。）信守不渝。基于《保富法》中，尤多阐发，一切史料实例，力为证明。（往岁在《罗汉菜》杂志，及《觉有情》、《弘化月刊》，分期披露，读者何止数十万？）最近本报刊布，其受感召者，几遍全国。（惟该文因聂氏中途患病，致使千万读者未获研读全豹，辄引为遗憾。如蒙通儒硕彦，将其授意古代善恶的人的结果续成全璧，当于再版时补入。）

善财童子五十三参

第 22 参—婆失罗船师

本报读者，近组正智印书会，集大多数资财，印大多数善书，以广流通而利众生。盖吾人觉得最大善行，莫若印善书。善书流通，劝善益世，化民成俗，普及六合，远逮百世，其功垂于无穷也。

今日刊此小册，为诸君郑重言之，旨趣有六，要约有二。六者何？觉世牖民，期于潜移默化，有裨社会教育，一也；激发良知良能，养成佳子弟，有助家庭教育，学校教育，二也；发动大悲宏愿，救贫济急，藉以振兴社会，救济事业，三也；劝人随意布施，有钱出钱，有力出力，四也；注重公益，修积公德，务期于消极不为恶，（郑板桥诗云：“闲来写幅丹青画，不受人间造孽钱。”）五也；施恩不求报，与人不追悔，为慈善最高原则，若必欲有所取偿，则为子孙积福，乃保富之不二法门，六也。二约者何？凡手此册者，转相赠阅，广为流转，幸勿束之高阁，此要约一也；凡阅读此册，不妨向文盲宣讲，使大众发慈悲心，自动向各慈善机关，慨解仁囊，共襄善举，此要约二也。谚云：“保富莫如济贫，济贫莫如济急。”又云：“个人福，不如社会福。”

升平之世，人民安居。慈善家往往夏季施茶，冬季施衣，年终施米，疾病施药，点夜灯以照行人，修桥铺路，解纷排难，戒杀持斋。抑或倡办孤儿院，育婴堂，贫民医院，残废院，养老院等。其间虽不乏积极事业，然皆济贫非济急也。值此战乱未已，浩劫当前，暴户余纨绔，应集大埠。今日如跳舞场，明日进俱乐部，放肆挥霍，不知百物狂涨，民不聊生。而石米涨到千余元，不问也。饿殍横倒路旁，不愿也；骄奢淫逸，地暗天昏，贫富太殊，苦乐特异。按照佛家三世因果而论，今日受苦之人，即过去只知自己享乐，不顾他人痛苦之辈。现在只知享乐，不顾他人饿死，定是将来受饥受苦之人。因果循环，丝毫不爽。今日我救人，他日人救我。若明乎此理，各人自应节省奢侈之费，移作救人苦难之用。抚育者，自动举办，施粥，施衣，施药，施学，施住，或劝人助人。其未来福报，当有百千倍于所施。所谓福田广种，福泽自长也。

上文写竟尚有许多感想拉杂附于后。

我生于上海，服务于社会垂卅年，看见许多亲友，变幻无常。有钱人之心，是不可捉摸的。试看近年来市场上兴风作浪，升斗小民苟延残喘，社会道德沦丧，皆是有钱人辣手所干。

上海最近粮食缺乏，米价每石千余元。马路饿殍，触目皆是。同时舞场戏院茶坊酒家，仍到处客满。同为人类，何不平等至此？

因果循环，一定不易。今日我救人，他日人救我。所以布施要在福田里，一粒种子种下去，有很多的收获，救济难民，是最大悲田，学仙佛学圣贤之人，想修福种德之人，应努力救济难民。

做事不惰曰勤，用财有节曰俭。苟以勤俭所得者，广积阴功，培植子弟，即可致富。故曰“勤俭生富贵”。

凡爱人爱物，皆谓之慈；利人利物，皆谓之善。慈善事业，贵博施而济众。非有财者不能。故曰“富贵生慈善”。

慈善有益于人谓之道，慈善无愧于己谓之德。故曰“慈善生道德”。

用妥善方法，使无法生活者，可勉强生活，使财产超过生活所必须者，散出过剩的一部分，为社会谋福利，则人心因钱过少或过多所生痛苦，都可减除不少，即是大慈悲，救苦救难，功德无量的不世之业。

三三友朋节发起人黄警顽属于《申报》社会服务处

卷后留余七律一首

新刊保富法法通，夙具慈悲有聂公，择取名言彰古道，引援善例纪高风，

倾财建学谁为勇，舍药医贫得报隆，更见儿孙多慧福，千秋史册著宏功。

癸未春，黄子警顽热心集资，排印《保富法》八万册行世，卷末补白丐诗，谨以现拙，无垢庵主识。

那伽犀那尊者

第二辑　培心植德

于难舍处能舍，难忍处能忍，难行处能行，总能够坦坦白白地做个君子人。

——聂云台

勉为其难说

善财童子五十三参

第23参—无上胜长者

一、真难假难：存乎一心

孔夫子说：“仁者先难而后获，可谓仁矣。”大凡是要成圣成佛，固然是要从难处做工夫。就是普通做个好人，也是不能容易的。古人说要做好人，上面煞有等级，做不好人立地便是。又说是为善如负重登山，为恶如乘马下坡；又说是攀跻分寸不得上，失势一落千丈强，都是说做好人须要十分努力的意思。但是要声明一句，这难不是真难的，是难在内面，不是难在外面的。孟子说：“挟泰山以超北海，语人曰：‘我不能。’是诚不能也；为长者折枝，语人曰：‘我不能。’是不为也，非不能也。”这挟泰山超北海系譬喻势所不能的事，系靠外面的；替长者折树枝系我自己可做主的。我们推诿畏难不做好人，实在系不肯用折枝的力气罢了。不用气力，就不能做事，不做难的工夫，就不能做好人。但是世间上做难的工夫的很少，而自觉为善人、好人的很多，这不为难、不吃苦就做了善人的，是不是真的，就大要研究了。

二、善恶锱较

大凡善恶的名称，也是由比较出来的。譬如讲施钱财，是好事。若是富翁施银千金，捐赈灾，自然是好事。但若是他有几百万两银子的家财，遇着荒年，眼见灾民满地，必须几十万两银子才能救活的，他却舍不得多施，只肯拿出一千两来，交给那些办赈的人，还要说些遮盖门面的话。那办赈的人自然要称他做大善士、大慈善家，说他已经救活了一千人的命了。他自己也很得意，觉得自己真是善人，做的功德不小。但是这好事经不起研究，一研究，就会察见，因为他不舍得多施钱财，饿死的已经多得多了。若是贫人看见别人的苦事，动了不忍之心。虽只施舍几文，那功德却大了。因为贫人的几文，比富人的几千几万两系更为难的。

从前有个江西舒翁，在湖北省教馆。年底放假，同十几个教书先生同船回家。夜间泊了船，听见岸上一家女人哭声凄惨。舒翁去访问，得知他的丈夫欠了官银，关在牢里，要卖了妻去还官租。妻去孩子无人喂乳，也难活了，所以悲惨。他问知所亏数目，系十二两银子。就回船对同伴的说明这事，请大家每人出银一两助他，免得这一家妻离子散。这些教师都不答应，他无法就自己把所积两年的修金，共总只有十二两银子，一起施给那女人去了。后来在船上伙食钱都没有了，就同朋友借钱少许，忍饥吃粥。同伴的怜惜他，有时叫他同吃点饭。他到家时，他的妻子正等候他的钱还账过年，哪晓得都没有了。锅里没有米，就在山上找点野菜吃。

他这样的施舍，真是难而又难了。因为他做的这难的事，所以他的善是真而且大的，是格外可佩可贵的。那有钱的施舍很容易，即使花几十万也拿得出，他却觉得难舍，就不舍。所以他虽然施了千两，却是功小罪大了。

大悲觀世音菩薩
救苦觀世音菩薩

真身觀世音菩薩

十一面観世音菩薩

这是举出一个比喻，别的事也可以如此类推的。善得真不真，多半从难不难里头显出。所以我们要仔细地推勘我们的心，和所行的事。是不是敷衍别人耳目的，或是心能安的。若是敷衍别人耳目就模模糊糊做点面子，就够了。就好像那百万的富翁只拿一千银子出来助赈，别人已经恭维他做大善士，登报鸣谢、名扬远近；若是真正为求良心得安，到不得已的时候，就要得像那舒翁把自己养家吃饭的钱，全盘地拿出来救人才是。

善财童子五十三参

第 24 参—师子频申尼

三、杀生业果

再讲到杀生的问题，也是经不起研究的。我们晓得畜类都有知觉感情的，它们同人一样贪生畏死的，它们一样的有眼耳口鼻四肢百骸的。为何我们却要因为我们口味贪念的原故，把活泼的生命弄死，来快我顷刻间的意念呢？

讲到卫生。中西古今都说吃素可让人血液净洁、减少疾病；又能使人头脑宁静、智虑清明。讲到德行，吃素的不杀生命，克制自己的贪念，培养生息，自然是心地更加仁厚。

讲到因果。减少杀业的，必然感召天和，灾祸自然消灭。世间人也未尝不晓得这些好处，总由于不肯忍那几分钟工夫，以致习惯自然，不以为非。并说出许多理由来辩护，大概最普通的辩护，就是说儒教最中正，并不教人戒杀；佛教太过了，行不通的。

我要说我素来是崇拜儒教的，但是讲到这个问题，儒家没有严定的主张。并不是不晓得这意思，只缘儒家以人为本位的。列圣出世急于拨乱反治，先从政治礼乐孝悌忠信下手，所以把亲亲仁民要紧，爱物的事放在仅后面了。其实古时候的君子在佛教未来之先，早已有提倡戒杀放生的。有人送一条活鱼给郑子产，子产就叫人把鱼放在池里。还听得管园人的报告，说那鱼放下水去活泼泼的情形。他就欢喜地说："得其所哉！得其所哉！"又晋国邯郸人，元旦日送了个鸽子给简子，简子立刻叫人放了生。人问他的缘故，他说元旦放生，是一种恩意的表示。可见得儒家早有戒杀放生的主张了，只因为忙人要紧，不暇及物，但是略有节制而已。所以礼制，天子诸侯无故不杀牛羊，士大夫无故不杀犬豕，庶人无故不食珍肴。孟子说："七十者可以食肉矣。"朱子注解：是不到七十的不应吃肉。这也可见儒家爱惜物命的意思。但是彻底地说起来，儒家不积极主张戒杀，究竟是不对的。何以说呢？孟子说的："见其生不忍见其死，闻其声不忍食其肉，是以君子远庖厨也。"我请就把孟子的话来驳他。孟子又说过："人皆有所不忍，达之于其所忍，仁也。"他又说过："五谷者种之美者也，苟为不熟，不如荑稗，夫仁亦在乎熟之而已。"照这几句话归纳起来，孟子既说见生不忍见死，闻声不忍食肉，就是有所不忍了。虽然庖厨安得远些，等得上桌的时候，是确见它死了，仍然忍心把肉吃下。这就是不能以其所不忍达之于所忍了，这仁就不能算是熟了。

佛家所以要这样谨严积极的主张，只不过把事理推勘得透明，不肯只做一半。换句话说，就是要把这达字熟字做到，成就个仁罢了。这达字熟字要做出来，就要难为口舌的贪念了、违反生平的好尚了。佛家既认明必如此然后为仁，否则就是不仁。所以要把这些难处熬过，这就叫仁者先难而后获了。

以上所云，不过略举梗概，表明要做到真善，必须从难处做将去。就是要难舍处能舍，难忍处能忍，难行处能行。总能够坦坦白白地做个君子人。第一步的功夫，就是要肯彻底地推勘事理，审问良心，不模糊敷衍地专做个门面，欺瞒自己，对付别人。大学说的格物致知，就是推勘事理，审问良心；致是非的真知，辨明是不是自欺而已。用这样功夫的人，自然会发现自己的过恶是很多的。就是骄奢淫逸、凶忍刻薄、欺诈等恶事，我们向来不肯自承的。只怕都难免，并且恐怕是很重的。晓得了，去用力改，固然是极难，但是最难的，还是那头一步功夫，就是趁夜气清明的时候，把自己的行为意念，彻底地推勘，审问个明白，不要宽恕，自己欺瞒。如此，总有下手的方法呢。

善财童子五十三参

第25参一波希多女

断除习气说

古来圣贤教人和律己，都是以改过迁善为目的。大概是对症下药，有特别的病，就用特别的方药；有通行的病，就用通行的方药。

一、六根习气

讲到习气，各人所染不同，自然要就各人所短的特别地医治。但是个人的习气虽属各个不同，归结起来，大致不外几类，所以治习气的方法，大概仍是相同的。推究各种的习气，大概由于眼、耳、鼻、舌、身、意六根所染，但是各人各根的习染是不同的。

（一）眼根　眼根习气重，专门闹好看的。这好看里头，就做出许多的坏事来，例如好美色，是为好看，再因美色来讲究衣饰朱玉种种奢侈，都是由于好看的缘故。

（二）耳根　耳根习气重，专门闹好听，好听的里面也要说出许多讲究或弄出许多古怪的花样来，例如夏朝的妹喜单爱听裂缯的声音，糟踏有用的物料和金钱，来快她耳根的喜悦。因为她的耳根有了这种特别的习染，觉得这样的声音到耳，方才舒服，这一点“觉得”就是习染了。

善财童子五十三参

第26参—鞞瑟胝罗居士

（三）鼻根　鼻根习气重的，格外讲究闻，所以有几十元一瓶的香水，几百元一瓶的鼻烟，把这样的嗜好当做了一件大事来做。

（四）舌根　舌根习气重的，专门讲究吃，这个习气造业最多，五谷蔬果，本来是养生上品，但舌根习气重的，总觉得谷蔬味淡，不能快口，必须要些血肉之品，才能叫舌根满足愉快。

有的习气重的，更有许多花样出来，杀生还不够，还要趁生物活的时候，割肉来吃，或者要趁它最幼嫩的时候吃。我听见香港一家大茶馆每日要杀小猪三百只，专做烧烤下茶，这并非为果腹充饥之用，纯是为一种习气罢了。为此一宗，一城杀的小猪一日几千头，每年论百万头，其余鸡鸭牛羊大猪还不在内，都是为了舌根上这点稀奇不肯忍一下，造出这大的杀业来。

推演起来，世间的争夺杀戮都是因不肯把自己的习气忍住一下，所以把别人的身家性命糟蹋，来快我的意思，就是从杀生吃肉的行径放大的影子罢了。

（五）身根　讲到身根的习气，也是很多的。着的衣服要细软，用的器物要灵巧，住的房屋要舒服，用了一回好的之后，再看见差一等的物事，就不如意。这一点“觉得”就引起许多奢侈繁费，因为奢侈繁费，就做出许多巧取强夺不道德的事。退一步讲，因为自己要舒服适意、奢侈繁费，使世间上有限的生产物力不够分配，致使许多的人，连粗糙的衣服、笨拙的器皿、矮小的房屋，都没得用。只为这一点“觉得”嫌不舒服的习气，做出这不恕道的事实，造成这不公的世界出来，这个害处就不小了。

（六）意根　意根的习气，是最多也最难察觉，前头所说的眼、耳、鼻、舌、身五根的习气，固然都是靠意识的感觉，但是除了这五根之外，意识的作用，仍然最大，所以有的人志行高洁，五根清净，他的意识仍旧在那里造业。所以拔除意根的习气，最为紧要，也是最为难能的。

意根的习气虽多，略而言之就是贪嗔痴三事，又再约而言之，就是“我见执著”。何以说呢？我辈每日间空下来，起心动念，不外乎饮食男女的欲念，和功名利禄的思想。这种种妄念，无非是贪的念头，只由于我的观念太重，甚至于做善举、利国利民的事，也希望人家的恭维，惟恐功不归我、名无人知。又如许多富豪，有了百万，还想千万。这种贪念，明眼人在旁观看，便觉得当局者何以痴迷如此，莫明其故。实在就因为我见太深的缘故。虽然我的钱已经很多，还觉得世界的财宝，才应该都归了我，方才快活。功名的观念，也是如此，所以说贪念是不由于“我见”来的。

二、 我见执著：嗔念、痴、愚

说到嗔念也是由于我见执著来的。我见一重，所以凡有违忤我的，就生嗔怒；一切事情，争强好胜，见一切人，起骄慢心；见胜我的，起嫉妒心。总而言之，一个“我”字，横亘在心。人不如我意，更生嗔念；事不如我意，自然也生嗔念。甚至于天理、人情不如我的意，也要恼怒。所以说嗔念是由于“我见执著”来的。

再说到痴愚，也是这样，不外乎我见执著。有许多人在局外谈论别人糊涂，怨骂别人愚蠢；及至身入局中，就糊涂愚蠢像那一样。若是听见人说讽刺的话，就想这只是讥讽别人，决不是讲我，因为我决不是如此糊涂愚蠢的，却不晓得这一个执“我为

善财童子五十三参

第 27 参—观自在菩萨

是”的念头，就是愚痴的事实，不必另寻愚痴的证据了。所以说愚痴是由“我见执著”来的。

佛家说贪嗔痴名为三毒，就是意根的习气。那五根的习气，犹为易拔，这意根的习气最是难除。因为难除所以才叫做习气，就是多生来“我见执著”下的种子结了现在的果，藤牵蔓长，根深蒂固。所以佛菩萨教人修持方法，须要断除一切烦恼习气。孔子教人说：“性相近也，习相远也，惟上智与下愚不移。”是说不被习染移去本性是甚难得的。又说：“过则勿惮改。”因为常人的习气既深，明知自己有些不对，或因循不能改，或护短不肯改。这“勿惮改”，就是要下断除习气的决心。孔子自己断除习气的功夫是“毋意、毋比、毋固、毋我”，这完全是破除我见执著罢了。又教颜子克己复礼为仁，克己就是破除我见执著。须是发慈悲心、无为心、平等心、恭敬心、卑下心、明觉心。又去尽染著心、杂乱心、见取心、骄慢心、懈怠心、机巧心、名誉心，方能到复礼规仁的地位。这不过是要去尽意根的习气，收拾得一个清净的念头，并且极称这个功夫的紧要。说是一日克己复礼，天下归仁焉，是要形容其不可思议的功德。

三、 克除习气

讲到节制，孔子说是亲德言勤，就是连五根的习气同时着力来断除了。这样说来，成圣成佛的功夫，只是断除习气要紧。再讲到古来大英雄豪杰，成就大事业的人，也是从这件事下手。历史上可以举几个人来证明。越王勾践志在救亡图强，恐怕富贵逸乐的习气淹没他的勇猛精神，特为除去垫褥，夜卧柴堆之上，日里尝苦胆汁，作为一种熬苦的训练。这样的苦，行经了二十年，居然强越克敌。陶侃为八州都督，朝起搬运一百块砖到斋外，夜里又搬进斋内，他说：“我方担当国家大事，若过于舒服，将来

善财童子五十三参

第28参—正趣菩萨

不能干事，所以要勉强习劳。”大概六根所喜悦的、所倾向的都是习气。这习气所表现的，就是骄奢淫逸。

凡是要做学问做事业的人，总是先从自己的习气下手，就是从性情所倾向、心意所喜悦的努力地节制，把所倾向的要克制不做，所不喜悦的、以为难的，努力地要做，但是这种功夫，极其不易，所以王阳明说：“制山中贼易，制心中贼难。”这习气的根子，隐隐伏在八识田中，随时出没，难防难剿，所以能穷搜痛剿这心中贼的人，终竟是要成大人物的。

近几百年来，学问功业的大人物，要推曾文正公（曾国藩），他的文章书牍，遗留的也最多。我们易于窥见他的用功的方法、努力的情形。他写于友人书信中多次提及，究竟能够引起一般正人，挽回一时风气清明了几十年。可见事在人为了。文正公教人断除习气的方法和自己断除习气的功夫，也可以从他的著作言论里头寻绎。他最注重的是戒骄戒惰戒奢。如何戒法，他都一一说明。他说：“欲去骄字，总以不轻非笑人为第一义；欲去惰字，总以不晏起为第一义。”他又说：“天下古今之庸人，皆以一惰字致败；天下古今之才人，皆以一傲字致败。”他又说：“百种弊病，皆从懒生。懒则弛缓，则治人不严，而趣功不敏。一处迟，百处懈矣。”他又说：“强毅之气，决不可无然强毅，与刚愎有别，自胜之谓强。曰强制，曰强恕，曰强为善，皆自胜之义也。如不惯早起，而强之未明即起；不惯庄敬，而强之坐尸立斋；不惯劳苦，而强之于士卒同艰苦，强之勤劳不倦，是即强也；不惯有恒，而强之贞恒，即毅也。舍此而求以客气、胜人是刚愎而已矣。二者相似而其流相去天壤，不可不察、不可不谨。”这所讲的刚愎客气就是习气，自胜自强就是断除习气之法了。

四、 克己修省，战兢惕励

如何能自强自胜呢？须要先有决心，就是立志。他说：“人之疲备不振，由于气弱；而志之强者，气亦为之稍变。如贪早睡，则强起以与之；无聊赖则端坐以凝之。此以志帅气质说也。”他又说：“人之气质本难改变，欲求变之之法，须先立坚卓之志，即以余生平言之，三十岁前，最好吸烟，片刻不离，直道光壬寅十一月二十一日立志戒烟，至今不再吸；四十六岁以前，做事无 恒，近五年深以为戒， 现在大小事均尚有恒。即此二端，可见无事不可变也。古称金丹换骨，余谓立志即丹也。”既经立志，就要勤回省察，刻苦行持，勉力从难处做去。请略举几条文正公日记刻自责厉的话，足见他用工夫的切实刻苦。他说：“自戒潮烟以来，心神彷徨，几若无主，遏欲之难，类如此矣。不挟破釜沉舟之势，讵有济哉？”他又说：“记云君子庄敬日强，安肆日偷，或日日安肆，日日衰败，欲其强得乎？”他又说：“诗称不嫉不求，何用不臧？仆自省生平，不出嫉求二字。今已衰耄，旦夕入地，犹自撼拔除不尽。”

五、 信念力行

可见断除习气，说开容易，若是真用工夫的人，方晓得习气的根子很深，难于拔除净尽。若不像文正公用这样的苦功，如何能够成就这样的学问德业呢？他所以用这样勇猛自克的工夫，是先有高明的见识，认定习气误人，若不攻破这习气的包围，是不能成人的。他说：“知己之过失，即自为承认之地，改去毫无吝惜之心，此最难事。豪杰之所以为豪杰，圣贤之所以为圣贤，全是此等处磊落过人。”他怜悯社会困在习气里而不自觉，又不喜听正人的直言，所以他说：“安乐之时，不复好闻危苦之言，人情大抵然欤。君子之存心也，不敢造次忘艰苦之境，犹不敢狃于所习，自谓无虞。”

凡人必见理明，方能立志决操行勇，所以我辈讲究学问道德，先要把见识弄得正。文正公又说：“强字，要从明字做出，否则就是刚愎。”刚愎，就是习气了。孔子教人笃行之前，必须先要博学、审问、慎思、明辨。如果辨不明、思不慎、问不审、学不博，却只说我是深信笃行，这就是前头所讲的我见执著了。这种事情，修善修学的人，也很多犯此病，就是意识中习气为害，把辨别义理是非的正知见障蔽住了。所以孔子、释迦牟尼教人都是从明字入手。大学明明德，中庸自识明，佛家重修慧求明觉，都是一个意思。这个明字，是做一切功夫的终点。

善财童子五十三参

第 29 参—天神献宝供佛

我们须要晓得，若不到圣佛的境界，总不能免于习气所流转的。我们凡夫不但是不能够免于习气，并且是习气很深的；但是我们自己决不承认我有习气所以然的缘故，只是不明罢了。列位要是做明字功夫，请将前面所述的我见执著几个字来研究，并向自己省问：我对于寻求义理、是否屏去成见，是否发了卑下心、空观心、恭敬心、平等心来慎思明辨？是否与孔子明明德在止善定静安虑的功夫，和释迦牟尼所教由戒得定、由定得慧的意思了解明白，并且向这一路用力？若是明字功夫做得切实，自然就会察觉自己有习气了，就可以晓得断除习气的着手处了。

释躁平矜说

《易》曰：“吉人之辞寡，躁人之辞多。以吉人与躁人相对而言，则可知吉人之不躁而躁人之不吉矣。”予尝默察身心之病，与夫失德偾事之由，亦大都在一躁字。躁者，不静也。子曰：“仁者静，然则躁者不能为仁亦明矣。”大学明德亲民止至善之功，要在知止有定，能静能安，而后能虑能得；则不能定静而安者，必不能明明德亲民止至善又甚明也。宋儒性理之学，始发源于濂溪周子，其学一以定静为下手功夫。诸子皆教学者静坐，定为日课。程朱然，陆王亦然。而周子之学，实得自寿涯东林二禅师。周子以前，未有性理之名词，亦未有以静坐为教者。刘后村曰：“濂溪之学，得自高僧。”（见《后村集》）张横渠曰：“东林禅师性理之说，惟我茂叔能之。”（见《宏一纪闻》）濂溪喻学者曰：“吾此妙心，实得启迪于南老，发明于佛印，易道义理廓远之说。若不得东林开遮拂拭，断不能表里洞然、该贯宏博。”（见《伊氏家塾》）盖自孟子没而孔子之学久晦而不彰，世儒求学问于外物，而不知求之于内我，寻枝逐末而忘其本根。而不知古圣之学，一以本心为归，以诚明为极则，而必以定静为功夫。苟不能定静，则诚与明莫由而致。予既稍研佛学，闻由戒得定由定得慧之义，乃知佛与儒职志范围之大小虽别（佛以劫为时间，以度无量众为职志，不限于今世眼前故），

善财童子五十三参

第 30 参—安住地神

而为学用功之方法则同。盖吾辈治事求学、处人济众，苟不先自明澈，则无往而不颠倒谬误。故佛与儒必以求明第一义，而两家同以定静为求明之惟一方法。然吾辈稍窥为学入道之门径者，亦知定静之重要，而无如其致定静之甚难也，然则当推求其症结之究何所在。

吾尝默自察焉，其一自觉为生理之弱点。肝阳常旺，若火之炽，阴液枯竭，神失其养。此在西医，名曰神经衰弱。以其失血液之滋养也，故病在内躁而心不能定静也。其二自觉为贪欲之时发也，贪欲万端，不外饮食男女功名利禄四者。各人以夙世所熏习之异，而其贪欲发展之向不同，或多于此而少于彼。庸常之人，饮食男女利禄皆其所贪；知虑稍高之人，略知节抑肉欲，而功名心与好奇心则所不能除去，遂由此心发生欣、羡、骄、嫉、忿、怒、悲、怨等念，此佛家之所谓嗔毒而实亦发源于贪也；贤智之人，嗔念亦多，不必尽出于私欲为我之贪，然难免于功名有我之贪。而况不学如予，并私欲为我之贪而未能免者乎？故每一静坐，试调心息，则万缘俱起。求一呼吸间之定静而不可得，盖多生以来，时时刻刻贪欲熏染不稍宁静之所致也。

所谓生理之弱点，使内躁而不得定静者，亦同此一原因而已。而此时之内躁神昏，又与贪欲妄念，互为因果，互相纠结。故欲除内躁，须息外缘。二者同为一病，同赖一药。其药维何？定静去躁，克己去贪。克己，戒之事也；克已复礼，庶乎定矣。千圣垂教累千万言，胥为此事，盖皆因病投药而已。然世人之病，虽不离贪嗔二者，而至深浅粗细，则无有不同：浅者易治，深者难拔；粗者易见，细者难察。吾常读《金刚经》得于心者，有二语焉：其一曰：“度一切众生已，实无有一众生得灭度者。”何以故？若菩萨有我相人相众生相，即非菩萨。其二曰：“菩萨所作福德，不应贪着。”盖菩萨以无相行布施，内不见其有我，外不见其有人，中不见其为有功德，自然无贪著与骄矜之意矣。

古人言盖世功劳，当不起一个矜字，予当取此言以释经意。夫度尽一切众生，非盖世之功劳乎？然有一骄矜自得之意，则其人无可称矣。经所以言菩萨有我度众生之相在其心中，即非菩萨也。贪著福德，亦即一个矜字也。此矜字最难去，何以故？我相人相众生相最难除故。此相不除，则贪著福德之心犹在。推而究之，则即贪功好名之心也。此其贪虽异于饮食男女之欲，而其为众苦之源烦恼之本则同，且深而难拔。细而难察，尤甚于饮食男女利禄之贪也。又由此一念而招嗔致痴，故躁即嗔痴之见端。观躁之发露，而知三毒之备具于一身矣。因是而形为不正之知见，不智之行动，而其源则由于一矜字。矜之弊害，有如此者。此佛所以为发大乘心菩萨谆谆再三言之也。

夫盖世功劳，犹当不起一矜字。而世之具片善微劳而沾沾自喜汲汲自见且因人不已知而愠者，抑何多也？此易所谓躁人者也。予当默自体察，觉躁矜二字时时发露，生心害事，屡惩不能改，因常诵古人释躁平矜一语以自警策。又当求治之法，而区之为治标治本二者。治标之法，观照妄念以修禅定；治本之法，忏悔念佛以消业障。然皆以持戒为第一要义（持五根本戒，避十恶业），而副之以布施（身亦可舍，何有于身外之物，乃须一切有功德、一切名誉，无不舍者，是为布施之极则，所以医贪也）、忍辱（忍辱无相，庶几能化除功德名誉骄慢之心，所以医嗔也）、精进（恭敬心是也。不懈不慢，自然定静。曾文正公有言：“静从敬出。”）之功。做圣成佛道不外是也，因推演其说，以告世之同病者、志学之士，悦而绎之，庶几于存养之道，有小补为焉。

修慧说

或者问佛法是为何事，答只是修慧。问如何是修慧，答就是儒家的明明德和致知。若问如何是修慧，先要明白何者为慧。慧者正智也，觉之知也，称为智慧。与常人称为智识者不同，所以要晓得何为修慧，先要明白智与识的分别。佛说一大藏教，只是说明三界唯心。万法唯识就是要人离识入智，转识为智。现在我要略说何者为识，何者为智。

一、业力六鞭

佛教说万法唯识，意思是我们所有一切见、一切觉、一切欲念、一切事理色相，都是我们幻妄的心念所结成的果。这果也是幻而不实的，苦而不乐的，劳而不安的，害而不利的。然而我们却不能跳出这个苦的圈子，一次两次三次到万万次，轮回流转，不得罢休。譬如一群牲畜被人用鞭子赶着走，昼夜不得息。我们众生却是被自己的业力的鞭子赶着打圈子，这鞭子的能力很大。若要问这鞭子在哪里呢，就在我们的眼里，在我们的耳朵里，在我们的鼻里，在我们的舌里，在我们的身体里，在我们的意气欲念情感里。

这六条鞭子不住地鞭打赶着我们忙跑，并且我们是一厢情愿高高兴兴地跑。若是问他跑的事为何事这样的忙呢，他自己也不知道。他并不晓得这六条鞭子害他害得好苦，却觉得这鞭子打得身上好快活，所以还在那里要尽量地设法来奉承恭维它们。这就是我们的见识、感觉不明白不正确的原故。

这种见识和感觉，是眼耳鼻舌身意所发见的识，不是妙明圆觉真如自性所原有的智。这就是智与识的不同了。譬如粪的臭恶，是我们人所晓得的，但是狗就觉得这粪很香甜而有趣，有时还为争这点粪咬起来，不过是它们感觉见识不同，故此以为这粪是好。狗的识如此，我们看着它替它怜悯。我们自己是不是被“我”的识束缚流转呢？这事能研究能明白就是大学问、大智慧。若研究明白了，再向这里用功，就是修慧。

善财童子五十三参

第31参
—婆珊婆演底主夜神

二、修慧门径

若问慧如何修法呢？答佛教、孔教均教人修慧，都有一定不移的方法。佛教说的是戒、定、慧，就是由戒生定，由定发慧；孔教说的是知止而后有定，定而后能静，静而后能安，安而后能虑，虑而后能得，这所得是指明德，就是智慧，止于至善，就是戒，非礼勿视，非礼勿听，非礼勿言，非礼勿动，克己复礼，都只是戒的功夫。有了这样的持戒克己的功夫，自然得定了。譬如我们平日局外论事，似乎很明白，一到了自己身上，便糊涂起来。何以故呢？因为功名利禄饮食男女种种贪心、骄慢、嫉妒、憎恶、偏执种种嗔心，把仁义礼智的本心一起遮盖住了。所以要非礼之事戒除，私欲之心克去，以至善为止归自然心定而不乱，免得临事糊涂了。列位若是在这点上用过功夫的，便晓得平日的思想态度言论举动，和遇见女色厚利珍物美味的时候，或争执嫉怒的时候，大有分别。能够打过这些关头、心念不动的，就算是有定力。这不是努把力决然做不到的。

（一）克己复礼　讲到持戒克己、止善复礼，就是要节制自己的欲望，磨练自己的意志；要把自己欲念所喜做的事，勉力不要做，自己私心所不喜的事，勉力地偏要做，这叫做勉为其难。若是不难，就不算克己了。所以孔子说“仁者先难而后获，可以为仁矣”。佛教说的要从难处做去，就是难舍处能舍，难忍处能忍，难行处能行，难受处须受。若不是这样就事磨练，断不能改过迁善。遇见一些小事，心里就没了主张。所以佛教的由戒生定，孔教的克己复礼、知止有定，都是要就事练心。先把这容易散乱的心，使它受范围节制，使它遇着情欲气性发动的时候，心能定静，不摇动，不走失，就是持戒克己的目的了。

（二）戒、定、慧　讲到由定发慧，这个境界有浅有深。先讲浅的。凡是忙乱轻躁的人，每每糊涂谬妄；安详镇静的人，方能清明决断。这还是从寻常事情的见识上讲的。若是讲到最高的智慧，如孔教的克明峻德、知性知天，佛家的妙明觉知、明心见性的境界，还不是我们寻常人用语言文字可以说明的。这种境界岂是寻常人尘劳纷扰昏迷散乱中所能够得到的？有一件最明白的证据，就是东方上古圣贤都是讲清静至高极深，而且是万世不易的。甚至于医药卜筮的学问，我们还是靠着四千年前的书的作用，不能跳出它的范围。若不是智慧极高，何能如此呢？

所以由定发慧，不单是佛教的秘妙，实是东方圣贤所同的。《大学》说“定静安虑得”，《中庸》说“诚则明矣”，又说“自诚明谓之性，至诚复性”，当然是定静到极处的境界。可惜这种学问中间失传，直到宋儒方才重新来研究。宋学渊源多半是

参证佛学触类而通的。周张程朱陆诸子都是教人学静坐，甚至于教人半日读书，半日静坐。王阳明在龙场终日静坐，忽得慧悟，发明良知的学说，简直是禅宗坐禅开悟的一个样子。近世的曾文正公，也是每日静坐定为日课，所以学问事业成就高于常流，也就是得定静的功了。

善财童子五十三参

第32参
—普德净光主夜神

三、智慧主纲

这种高的智慧，所以与寻常的智识不同的原故，是因为智慧所见的是理，能透彻到底；智识所见的是事，不能透彻到底的。明理的能够以简御繁，善事的只是寻枝逐末。因为理能包括事，事不能包括理。近年来新学科学家，似乎理论也很深奥，但是没有站得住脚、攻打不破的方法。有一个比喻最为贴切，是扶得东来西又倒。例如德国的科学和军事学，及种种作战的设备，称为世界第一，加以谋臣战将筹划精详，券操必胜、算无遗策，谁知到了临头，才晓得从前所算计的都不合用，所预料的都不应手，以致死亡太多，延时太久，竟归失败。又如英国外交最狡狠，心计最精工，预料联合各国达到德国就可以垄断世界海上的商业，谁知德国虽然倒了，英国的垄断不但是不成功，并且自己的工商业也一败涂地。这是始料未及的。这就是专从事物上计算，不能圆满完善的证据。

这话和科学家讲，他们定不服，他说是德国英国的失败，不能说是科学失败，仍是计算调查不周密的原故。我老实告诉他，凡讲事物，永远不能有完善精密到十分圆满的时候，若将现在经验上的缺点一一补填完密，下次用的时候，又要发现加倍的新缺点、新漏洞了，又再上十年百年的经验。科学事物的智识增加了十倍百倍，那时发现的缺漏也增加了十倍百倍。忙得这班科学家

跟着那些缺点漏洞后头跑，越跑越离得远，终竟赶不上，仍然困倒在地上罢休。

四、慧识相异

天地间事物是变化无穷尽的，从万变的事物上来研究，只能见一样学一样，暂为一时期一地处的应用。过一些时换一处所，就用不着了。独有良心上的理，是亘古不变的。有了这不变的理，明白在心里，等到遇着万变的事物的时候，自然能对付过去。世界上最后的胜利，是属于大体上道理明白的人，不属于事物上才能机巧的人。东方圣贤的教义与西方学者见解不同的点，就在此。一个是智慧，一个是智识。智慧属于道德，属于精神，所以专讲物质相的人不能领略智慧的妙处。譬如在荒野地上忽然看见一块银子，这讲科学的人一定拾取来，他认为既非偷盗而来，法律上毫无责任，更何况没有人知道，尽可取来作用。他若听见范文正公贫苦时候挖见窖金都不取用，必定笑其愚蠢。他不晓得范文正公的勋业学问道德文章，决不是一两坛子窖金所能办得到的。他所以有这样的成就，就正因为能不取那窖金，偏要忍穷熬苦，所以能磨练成功这一番事业。

善财童子五十三参

第33参
一喜目观察众生主夜神

五、智慧助益明智

这种智慧，是科学家和功利主义的人所不能了解的。照西方物质学派的眼光看来，这银子最好是拿来，做有益的用处。例如范文正公当时何不拿这银子买书籍，并且贴补家用，自己更好专心读书呢。再者若是不愿作为己用，仍可以一样做学问讲道德。或者又想，他若有钱，能吃得好些，住得好些，精神愉快些，身体健强些，成就的学问事业，或许更大呢。凡物质学家、功利主义的人的思想，大都是如此。殊不知这就是物质眼光，纯然照着理想的说话，没有体会到人类心性感情因物质环境所发生的变化。这种变化，不深从心性上用功，是不能领略得到的。东方古圣人专从根本上研究，所以能深明此中意趣。物质学家专从表面观察，哪里能看得透彻、底里的一层呢？按照东方的学说，物质和精神不能两样同时发育的，所以在物质上享用便利的人，精神上一定退化，所以欲要道德智慧增长，除非是从艰苦中历练出来。

可见这种道理是千古圣贤所公认的，这是几千年事实经验证明的。所以东方圣贤教人发展道德精神，都注重在苦行磨练。有一句俗谚说："成人不自在，自在不成人。"何谓自在呢？就是顺从欲念，譬如色声香味著用，性喜美、好适意的；思想主张行为，性喜自是利己的；顺从所喜欲，就是自在。克制欲念不肯随心遂意的，就是不自在。这就是孔子说的克己。己系人欲，说克己复礼为仁，就可知人欲所在，就不是仁。仁是天理，克制人欲，恢复天理，就是圣人教人的目的。何为恢复天理呢？就是恢复本体原有的仁义礼智的良心，所以一去欲存理，自然智慧道德都具足了。孔门讲的礼就是有形的天理，就是从天理定成的戒律。所以讲到做圣的功夫，先要从消极方面用力。孔子说非礼勿视、听、言、动，都是消极的功夫，须要能够把非礼的制住不做，那么合礼的视听言动就有极大的力量。所以佛家入门，先教持戒。消极方面，杀盗淫妄酒一一戒除；积极方面，仁义礼智信自然一一呈露。浅识的人说东方圣哲的教义是消极的，不知道消极克己，就是为的积极爱人。西方学者口称爱人，口称幸福，自以为是积极做事，连如何是幸福，如何是积极，如何是真爱人，都没有弄明白所以然者，仍是智慧不修的缘故。

善财童子五十三参

第34参
—普救众生妙德主夜神

六、习圣贤智慧

按照东方圣贤的学说，凡事都有两面，虚空的里面有实在的，倒是我们寻常的肉眼能看见实在的物事却是虚空的。诸君若不信，请看世间有坚固不坏，长久不变的形体没有？现在认为钢筋水泥的建筑，是百千年不坏的。请到日本东京一看，三年前的建筑物现在都不见了。这些极坚固的工程，经了十分钟的地震，就消失了。秦始皇建阿房宫几十年还没完工，几天就烧完了；又在骊山修建陵墓，驱役几十万人，十年造成，不几时，就被后人毁掘了。我眼看许多富贵人买田地、盖产业，预备子孙百年的享用，大概三五十年就换了姓了。又有些人花几万的银子，建造坟墓，不过几十年，那些石头又到了别人的墓上去了。这都是世人的聪明所认为积极和真实的物事，拼命地向这一路用心机，营谋争夺。弄到了手，自鸣得意，弄不到手的，咨嗟叹息。谁知却是冤枉百忙。生时招怨结仇、提心吊胆，到死的时候，还带着许多对不住良心的事进棺材去，留了银钱专为子孙诲淫诲盗、劝惰劝骄、嫖赌逍遥、杨梅鸦片，陆续而来。这都是无慧的结果。认空为实，认假为真，逞着自己的感情思想，一意孤行，不肯虚心研究古人的教义，到死不明白自己的错误，真是太可怜了。

大概世人有一个通病，就是觉得“我”总是好的，心里常想即使我不能比古圣贤，也不至于十分离经的。像我这样的做人也够了，何必求得太深、说得太精、行得太苦呢？听见某人立了什么省克课程，某人受了佛家戒律，心里就想这个书呆子把这件事看得如此要紧，虽然也是好处，但未免太拘束自苦了。又在社会上行不通，做事都困难，不如像我这样随和些好。况且像我这样明白道理识大体，自然不会做出坏事来。既然不做坏事，就是善人了，也就够了，就做个孔子、释迦又怎么样呢？见着刻苦自励的人，即是这样的自己排解，自己安慰。遇着不如己的人，更自鸣得意，觉得世间上谬妄昏迷的人这样多，我总算是超群出俗了。这一类的人，世上最占多数，一知半解，浅尝辄止。孔子说“似是而非者”，佛说“不究竟者”，圣人谆谆诲人，如来苦口说法，正为此辈。所以孔教要“止于至善”，佛教说“究竟义”，就是纠正这种谬误的观念。孔子说要“博学之，审问之，慎思之，明辨之，笃行之”，孟子说“五谷不熟，不如荑稗，夫仁亦在乎熟之而已”，孟子又常说人有心不用，引为叹息。无非要人把这事看得认真，不可含糊自误。

七、戒定生慧，破除我执

所以说修慧先要戒定，但是戒定的功夫先要破除我执。若是有了一个“我”字亘在心中，就是圣贤佛菩萨也无可奈何。所以孔子要毋意毋必毋固毋我。这“意必固我”四字，都是由“我见执著”发出来的。佛经几千卷，都是教人破我执、除我见、说无我。这层不能领会，什么学问都不必讲；这关不能打破，什么功夫都不能做。若要问世上何种人最愚蠢可怜，我就会说，是自以为不糊涂的人最愚蠢可怜的。诸君听着必定觉得这话太过，但这是真确不错的。大凡圣贤明白的人，都是先把“我”字当做大病医治，也就是把我当做别人看待。例如曾子三省吾身，孔子叹息说人不能见过自讼，孔子大圣还自己时时自觉有过，甚至晚年还说假我数年，卒以学易，可以无大过矣。要说学《易》，才庶几免于大过，那是讲现在尚难免于大过。很明白了才说难免于大过，小过就更不用讲了。所以我们要问自己，究竟我们比孔子高些吗？即使同孔夫子一样的圣智，也就是很用得着讼过改过的功夫了。但是我们究竟觉得自己有大过没有？若是还没有觉得自己没有种种的大过，那自然是比孔子更圣更智了。这种比孔子更圣更智的人，满天下

尊者迦葉

施法界有情等

善财童子五十三参

第35参
一寂静音海主夜神

皆是。从我们良心来观察，这些人果真是圣智吗？若是不然，是什么呢？这按语用不着说了吧！

八、克己、改过、自省

所以修慧有几层功夫：一层是克己，一层是改过，一层是省察。克己必须有一定的戒律，非礼勿为是儒家的戒律。但是礼字很宽泛，若是不深知格物致知在无自欺、无自恕上切实做功夫，就会随着自己的意思来解释礼字，非礼也说是礼了。所以不如佛家的戒律，明白切实，根本戒五条，是杀、盗、淫、妄、酒。再分为十则，是杀生，偷盗，邪淫，妄语，两舌，恶口，琦语，贪欲，嗔恚，邪见。再细的还有几百条，但是若能把这五条或十条，随时奉为规矩不敢违反，那么这些遮蔽我们智慧的物事，自然就少了。虽然有了这个规则，可以遵守。但是无奈何有的习气熏染已深，时常会发现流露出来，所以要做改过省察的功夫。改过是断除旧有的习气，省察是照管未萌的妄念。旧污不除尽，新污不除尽，这光明的心地就会云雾腾腾起来。所以孔门要格物致知，省身自讼；佛家要常惺常寂常照，断除一切烦恼习气。都是为的要恢复明德大觉，不要为一事一物所牵引和障蔽。原本事物本不能障蔽我们的心，只是我们的贪嗔邪见烦恼习气自己来障蔽清明的本心。所以圣贤佛菩萨教人要知非改过，断除习气。无非是要存心养性，明心见性。就是要明白，莫糊涂罢了。

我们翻开历史，总看见混乱的时代多；又默观时事，也觉得烦恼的事情多，大概都是一般自命为聪明才智的人，在那里逞才用智，总想要富贵盖过今人，功名盖过古人。譬如王莽曹操袁世凯一流人，从我们后人看他们的遗迹，他们的智慧究竟何如呢？又有一等学者，自觉学识过人，要以经济用世，自以为见解、理想超过古人。这所发明是至妥极善、万世不易的良法，执著一己的见解就杀人用兵也要办到。只缘我见我执太深，把孔子所说的意必固我四个字都做到了。既然心怀成见，不肯虚心考察，自然蔽聪塞明，糊涂地硬干。俄国这六七年情形在历史上不过又是一个王安石的时代罢了。大凡这种害事祸世的人，随时随地都有。

以上不过是历史上最著名的例子。这些人所以弄到如此，只为自恃聪明之故。自觉聪明的人，完全靠意识做主，他的真聪明已经被一个“我”字障蔽住了，所以真智慧要从无我出，要从知非改过做出，要从持戒克己做出。有了这几层功夫，身体力行方能定静，庶几不至于大糊涂了。

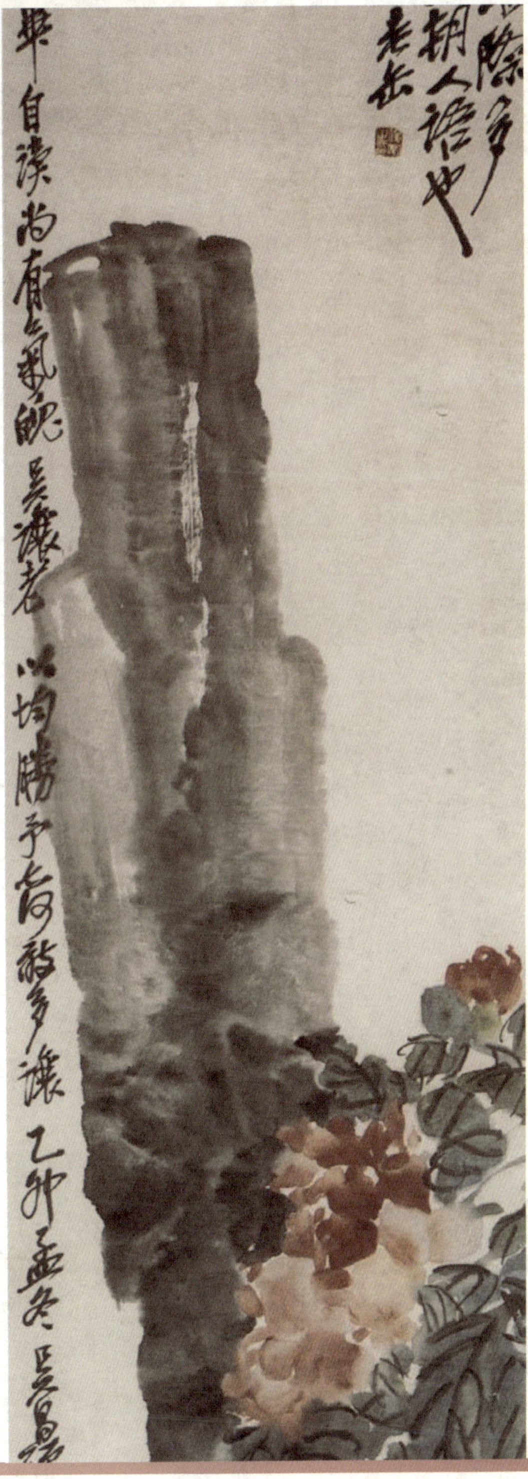

第三辑　育教时话

商贾之家，勤俭者能延三四代；耕读之家，俭朴者能延五六代；孝友之家，则可以绵延十代八代。

——曾国藩

善财童子五十三参

第36参
一守护一切城主夜神

色情刊物与跳舞

注：这篇文章是聂云台先生昔日的旧作，曾经刊载于一九四六年八月第一百四十一期的《读书通讯》半月刊上。可以说是金玉良言，字字珠玑，切中时弊。不仅仅是对当时上海的淫靡之风，痛下针砭而已，即便是现在，也还有相当的警示意义。所以亟应予以刊载，希望能使现代的人，有所觉悟和警醒！

近年来，各国的犯罪学专家，从各国的犯罪统计资料中，发现荷兰这个国家的刑事犯最少。报告上说：该国的惟一特点，是在于注重礼教，男女界限非常地严格，例如在海牙附近的宝石城，规定公共场所，男女是不准在六英尺以内并坐的；而该城的监狱，则是长年空虚，没有一个犯人。又犯罪学家说：凡是犯罪，皆是由于犯人意志力的薄弱，也就是心理不健全。以荷国的事实证明，性欲的节制，即能使得人民的脑力多清明健全，而不犯罪。所以我国的礼教，特别严格男女之防，所谓“男女有别”，实在是有它科学上的根据。

美国近三十年来，犯罪人数的激增，十年前已跃居世界第一位。而美国男女之间的放纵，实在最为显著，尤其是以跳舞最为普遍。近年来，美国报纸屡屡刊载说：美国某某大学，检查身体时，发现过半数的女生已非处女的消息。根据美国犯罪报告说：在一九三九年一年之间，犯风化罪者，陡然增加了百分之七。在过去六年间，强奸案陡增了百分之五十。联邦侦缉局局长胡佛曾经宣言说：“青年道德的堕落，犯罪的增加，实在是由于色情刊物的充斥，所造成的结果。”监狱官洛尔士君说：“我所接触的许多案件，都是受了色情刊物的影响。”美国联邦监狱处主任贝茨则宣称说：“犯罪案件如此的激增，都是由于报纸多刊载风化案，以及电影与色情刊物的影响。”胡佛局长又说：“美国现在正努力铲除此类的导淫刊物。”可惜他还不知道跳舞之害，更甚于色情刊物啊！

综合上述的观点来看，色情刊物与跳舞的发达，竟能使社会堕落至如此地步。因为性欲为动物同有之天性，动物则有自然时期的节制，而人类则有思想。然而人类因耳目的接触，感情会随之冲动。所以惟有严定礼法，避免接触的机会，始能减少人们情欲的冲动。老子说：“不见可欲，使心不乱。”换句话说，见到了可欲，则使心容易乱。欧美人提倡男女解放，社交公开，男女同校，袒露服装。人之大欲，莫过于此。所以我国的新文化家，主张全盘的接受西方文化，反而痛诋我国固有优良传统为吃人的旧礼教，想要全部都打倒。这种性欲解放的主要目的，在使女子易于供男子玩乐蹂躏，以快其意而逞其欲。遂使多数女子，遭受男子的诱陷，等到已经陷落，就草率地委曲成婚。所以离婚的案件，全世界都在激增，而且以美国为最多。一九二五年，美国的离婚案，为二十万件。我在十数年前，曾经写文章讨论过此事。从上述美国女学生堕落的情形来观察，则知离婚案之多，原因在于当初结婚是由于肉体感情的冲动，无理智的选择啊！从优生学的观点而言，这些纯粹是由性欲结合的父母，他们所诞生的子女，必定会缺少健全的意志力，更缺乏深沉的理智和头脑。一国之中，若是多有此等的父母，也就是会多有意志薄弱、理智短缺的人民。美国所以犯罪特别多，荷兰所以犯罪特别少，这就是事实的证明。

关于风化罪，多数是由于色情刊物之引诱，及跳舞所发生的感情冲动。这些是由于犯人临时丧失了他的意志抉择力，不完全是犯人先天上的缺失。至于普通的刑事犯罪，例如欺诈、斗殴、抢劫、强盗、谋杀等，则是由于犯人先天上意志力的薄弱，缺乏理智和脑力所致。例如荷兰男女的界限很严格，则一切的刑事犯罪极少；而礼防最严的宝石城，则监狱终年无人。此则完全是因为先天上禀赋的脑力清明，思想纯洁所致。人民既然都有充分的谋生技能，自然就不肯做卑劣的犯罪行为了。先天上的遗传既是这样的优良，社会风化的维护又是如此的严格，所以能得到这样良好的结果。

善财童子五十三参

第 37 参
一开窍一切树华主夜神

反观犯罪特别多的国家，其损害之大，实在是不可胜言。美国于一九二五年一年之间，因为杀人罪而损失的人命，共计一万二千人；每年因犯罪所蒙受的损害，约达一百万万美金。然而更值得忧虑的是，青少年犯罪日见增加：一九二五年，纽约州裁判所中所关的囚犯，十六岁至廿五岁的，占百分之四十六；地方裁判所中，则同样年龄层的青少年，占了百分之六十一。这些少年，都是属于充满希望的国民，然而却已是身陷囹圄，实在是令人悲哀啊！（此段系录自拙撰的《美国犯罪的增加，司法的黑暗》一文中，是录自《法律周刊》，一九二七年所做的；近年犯罪数目大有增加，但手边无书可查。）我在一九二零年，曾前往纽约疯人院参观，院中办事的人告诉我说：“神经病近年来逐渐的增加，本院原来只有一所，可以容纳七千人。近年则增加为两所，可容纳一万五千人。”又说：“院中的精神病患，十分之九是由于花柳病毒进入大脑所引起的。”纽约这一个地方疯人已有如此之多，则全美国所损失的宝贵青年，数目一定是更为庞大了。这是刑犯以外的损失啊！

疯人以外，则染上花柳病病发的人，也是不在少数。我到德国游历的时候，当时的代办公使张君曾告诉我说：“政府所派留德的陆军学生中，归国以后能为国服务的很少，多数都是死于花柳病毒了。”我说：“听说德国注射的六零六，能治梅毒。怎么会治不好呢？”张君说：“六零六确实能够治愈梅毒，然而六零六的药力非常猛烈，梅毒虽治好，而心脏却受到了损害，所以多数是死于心脏病。”我有几个亲戚，其中一人是在法国染上花柳毒病死了，另一人在美国因为梅毒导致发疯，进了疯人院，也是终身不愈。我一个人所碰到染上花柳病的，就已经有好几个人，那么这类人的总数之多，就可以想见了。这又是一项重大的损失啊！

然而当前的损失，还属有限。而从此种退化人种所生出的后一代的国民，其道德理智的薄弱，工作效能的低下，实在是难以避免了。这对民族的损失，尤其是不可估量的。这是事实，而不是理想。法国为性欲放纵著称的民族，我游巴黎时，看见巴黎各处公园的出入口，都有人拿着春宫照片在求售，而警察也不加干涉。这种情形在其他国家则未见到。三十年来，法国人口的生产率日见减少，实在是因为性欲的放纵，才有如此巨大的影响啊！

从美国的现状来讨论，美国男女放纵的情形，大概已经超过法国，其前途也足以令人忧虑。不可以因为暂时物质的繁荣，而忽视了他潜伏已深的病根。我之所以写此文，并不是有空为美国担忧，实在是为我国崇拜美国的青年担忧啊！今日的上海，实在已经成为巴黎、纽约的雏型了。淫秽的刊物、导淫的机关、跳舞的场所、风化罪案、刑事案的激增、监狱的客满，没有一样不是快要成为世界第一位了。凡是法国与美国堕落的因素，我们都全部具足了。那么它悲惨的结果，怎么能够幸免呢？上海今天有跳舞场一百多处，假定平均每处有两百人，则每晚共有两万人，而这些人即将成为上面所说美国各项事实的候补员了。所谓当局者迷，这些迷于其中的人，只顾着眼前的娱乐，哪里会知道这一个纵乐的念头，已经和监狱、疯人院、花柳科医院、殡仪馆，发生了因缘。而我所叙述的在美国、法国因为花柳病而致疯致死的几位亲友，都是为求学而去的。如此悲惨的结局，这岂是当初所能料到的啊！而其中一位，在前往巴黎的时候，我曾经痛切地先告诫他，并且还危言耸听地告诉他重话，他也深知，然而却终究不能够免于花柳病毒而死。那时他年已三十，也不年轻了；而且他中外学术的造诣都很好，不能说是没知识；然而环境的诱惑，真是不容易把持得住呀！所以我们中国的道德，特别重视礼防，男女有别，就是为了预防避免彼此动心啊！这是从实际经验中所得到的教训呀！

善财童子五十三参

第38参
一大愿精进力救护众生主夜神

孔子说：“听讼，吾犹人也，必也使无讼乎。”以荷兰的事实来看，则使无讼，的确是有可能了。孔子又说：“道之以政，齐之以刑，民免而无耻；道之以德，齐之以礼，有耻且格。”欧美政治，只知道有政治和刑罚，而不知道有道德和礼教，所以它的结果是那样的混乱。而荷兰能够重视礼教，所以它的社会秩序会有如此良好的结果。然则负有言论指导社会责任的人，可以觉悟矣。或许有人说：“礼教重，则令人太拘束了，青年人宜有娱乐，使他精神活泼，则学问与治事才有精神。”我则回答他说：“科学上研究所得的结论，刚好与此相反。”

美国发明科学管理方法的泰勒先生，研究了三十多家大工厂公司的职工效率，撰写报告说：“各工厂、公司的效能，星期一都是最低。详细考察它的原因，得知职工都是因为星期日跳舞纵乐的原故呀！直到星期二的上午，还不能恢复他生产的效能。”足见美国跳舞风气习惯之普遍。工厂的职员工人既然如此，而学校、商店、公务人员也不能例外。综合来说，则为全国效能减低，损失之大，可想而知。由此可知，这类娱乐不但不能使得精神活泼，反而会使精力减退。然而我们人类的身心效能，确实是有增进的方法。大多是在生理方面，必须要加以锻炼；而心理方面，则须加以存养。

曾文正公尝说：“精神愈用而愈出，智慧愈苦而愈明。”又说：“主敬则身强，习劳则神钦。”主敬就是振作精神，一切都不敢懈怠。曾文正公在军中的时候，黎明时就和幕僚们共用早餐，到夜间二鼓以后才就寝。重要的公文，无一不是亲笔写的，政事、军事，虽然极为冗繁，自己读书仍然是有常课。晋朝的陶侃早晨搬运一百片瓦到房子外面，黄昏则又搬回屋内，他说：“我正致力于收复中原的大事，若是平时生活太过悠闲，到时候恐怕不能胜任大事，所以自己必须要求自己吃苦耐劳呀！”汉朝的大学问家董仲舒放下窗帷读书，三年之中，眼睛从不向花园里看。越王勾践，卧薪尝胆，以图发奋自强。自古以来的名人，他们的学问、事业能够有所成就，都是从勤苦奋斗中而来的，哪里会以娱乐为培养精神的方法呢？因为人的意志力必须经由砥砺磨练才会更加的坚强，若是认为娱乐为不可缺少的，那么他的意志力已经先薄弱了。何况娱乐是属于低级情感的，则心思的放纵，将更不可收拾。工厂的职员工人，尚且因此而大大的减少了工作效能，更何况是担当大事的人呢？以上所说的是生理上的锻炼。

诸葛武侯说：“非淡泊，无以明志；非宁静，无以致远。”

阿那婆達多龍王

優鉢羅龍王
摩那斯龍王

淡泊，是说欲望少。一切欲望，都能使人心智昏昧，而低级的欲望就更为严重了。宁静是指心思的安定；若是心系于情欲，就没有宁静可能。所以青年人要保存聪明敏锐的脑力、活泼的精神，应当避开这些低级的感官接触为最重要的事。孟子说：“其为人也寡欲，虽有不存焉者，寡矣。其为人也多欲，虽有存焉者，寡矣。”这句话是指清明的心智是否存在。简单地说，一个人的嗜欲深则天机浅，物欲少则心智明。以上是属于心理的存养。

这两项要点，是中外古今一切圣贤哲人修养的原则，是不能够违反的，也没有例外。以上所举的人证、事证，都是有根据的，并不是空泛的理论啊！

而所谓的科学眼光，是说以冷静的头脑，来观察客观的事实。今天所谓的物质学者、新文化家，主张全盘接受欧美文化，都是对于客观的事实，没有能够潜心地观察，也是由于自身的嗜好欲望太多，失却了他们冷静的头脑的原故呀！如果主观的态度既强，则科学的眼光就会完全消失了，那么他必然会倒过来骂我是时代的落伍者，这也就不足为奇啦！

善财童子五十三参

第39参—妙德圆满神

近来社会的奢侈风气非常的盛，这种奢靡之风，对政治会有极为不良的影响。关于这种道理，明朝的大学问家顾亭林（顾炎武）先生早已见到，并曾作有专文、引证许多历史事实，现在谨抄录这些事实如后，提供给研究政治的人参考。

国家社会的风气若是奢靡，为政的人，应以崇尚俭朴来转变风气。《礼记》上说：“君子的行为，即是宰相推行治世的标准。”意思是说我们每个人的行事，也可以影响国家的政治。顾亭林先生更明白地指出说：“天下安危，匹夫之贱，与有责任。”也就是这个意思。

东汉时，汝南郡的许劭，担任郡里的地方官。而与他同郡的袁绍，他的车马随从非常的多。但是每当袁绍走到郡的边界时，都把随行的人马屏去，自己单单驾着一辆车回家，并且说：“我的随从车驾，岂可让许劭先生看到！”袁绍为一代的英雄豪杰，曾经举兵讨伐当时奸雄曹操，然而却对一郡的小官许劭，竟是如此的敬畏。

晋朝的蔡充，为人好学且有名声。当时的高平人刘整，车驾衣着都是非常的奢侈华丽。但是刘整曾经对人说："我虽然有喜好穿着华丽衣着的坏习惯，可是每当我碰到与蔡充见面同座以后，那天我的心整天就不免感到不安，觉得自己实在是庸俗不堪啊！"

北齐人李德林，父亲去世了，就徒步带着父亲的棺木灵柩，返归博陵老家安葬，葬礼也很简单。他的朋友崔谌前往吊祭，随从的人马有数十人之多，崔谌为了尊敬李德林的俭朴精神，沿途不断地减少随从的人数。到了李家门前，只剩了五名随从，并且说："我不能让我的朋友李兄，误会我是气焰嚣张，不可一世的人。"

善财童子五十三参

第40参—释种瞿婆女

李僧伽隐居在山中的时候，当时朝廷下令征召他出来做官，李僧伽推辞不愿前往就任。尚书袁叔德前往拜访李僧伽，也是沿途减少随行的仆从，并且说："拜访像李先生这样高明淡泊的贤士，会令我有羞于见到自己所拥有的华丽车驾与官服呀！"所以君子高贵的行事，若是担任地方上的官职，则可以化导一方；若是在朝廷任官，则可以教化天下了。

唐朝的大历年间，皇帝下诏发布杨绾为宰相。杨绾为官一向廉明方正，而且生活非常地俭朴。当时的御史中丞崔宽，非常的富有，财产很多，崔宽家中花园里的楼台亭榭不但多而且美，当时可称为天下第一了。但是当他听到杨绾当上了宰相的消息，当天立刻就默默地自行撤毁了花园中的楼台亭阁。而郭子仪听到杨绾就任宰相的消息，也将自己家里的乐伎，裁减了五分之四。须知郭子仪军功甚大，曾经立下了收复两个京师的大功劳，并封为汾阳王，威势权力可称震惊当时，然而对一个崇尚廉洁俭朴的宰相，却是如此的敬畏呀！可惜今天再也看不到杨绾，也没有崔宽与郭子仪这类的人物了。

李师古这个人拥兵自重而且相当的跋扈，常常抗拒朝廷的命令，但却对宰相黄裳，有所畏惧。李师古曾经命令自己一个干练的亲信，带着数千两黄金，赴黄家送礼想攀些交情。这位亲信到达黄家门前，正巧碰见一个轿子自宰相府里面出来，轿旁却只有两个婢女徒步随行，而且衣着甚是简陋，并称轿内坐的是宰相夫人。这位亲信非常的机警，当下就明白宰相清廉俭朴的作风，不敢贸然地进入宰相府送礼，就带回礼金，急急归去，并将自己的所见所闻，详细地报告李师古。李师古因此更加地敬畏黄裳，并且改变了自己原有的叛意，终身服从朝廷的命令，再也不敢有所违背了。

从上面的事例来看，可以知道，由道德学问俱佳的人担任地方官吏，可以使地方获福；而中央的官吏清廉正直，则会使全国都得到利益。所以崇尚清廉俭朴与政治的互动关系，实在是非常的密切啊！古人说："惟俭可以养廉。"而它的相反，是奢侈则不能不贪污，贪污的结果，必然会使得社会、天下大乱。《大学》上也说："生财有大道，生之者众，食之者寡，为之者疾，用之者舒，则财恒足矣。"这是经济学的定律，也像数学上的公式，是不能改变的呀！今天的社会风气糜烂，竞相崇洋，揣摩学习欧美的不良风气，衣履服饰、饮食享用，无不是穷奢极侈，动辄千金，风气影响所及，政治哪有不乱的道理呢？（若是论到政治上的正本清源，就好比是瘟疫，细菌毒素就是从这些地方发出来的呀！为政者怎么能够掉以轻心呢？）

个人以为我国本为崇尚俭朴的民族，善良的古风，亟应保存，部分邪恶的欧美文明，则应是选择取舍，不可照单全收。可能有人会说我开倒车，但是遇到道路不能通行时，前进即有危险，这时只能速开倒车，以保住性命，这又有何不可呢？希望当世的贤达，不吝指教。

一九四七年十一月聂云台

善财童子五十三参

第41参一佛母摩耶

家声之有裨家庭教育

一家家运的兴与衰，可从家庭所呈现的气象面貌观察而得知，就如月晕而风，础润而雨一样，就能知道气压的高低、热度的变化。气象学家据此预测天时的变化，每每验之，都十分有效。家庭的气象也大抵相仿。我们在日常生活中的举止、言语、态度都是我们气象风貌的表现。累积一个家庭当中成员的生活状况、言语、动作或者是整个一家所呈现的风貌，就是这个家庭气象的外在表现。通过这，敏慧之人从而得知此家庭的运数兴衰。

每每验证，也是十分有效的。因为事物的发生，肯定有它的缘由；道理的存在，也必有它合理的一面。（所谓观因知果，从果探因罢了。）

我观察自家近年来的气象，实有令人担忧的地方。这种境况，也不必我多说。但凡目光远识、深谋远虑之人，应当默察这种状况并且心领神会。因此许久以来，当他人嬉嬉酣酣之时，我则战战栗栗不敢松懈；在众人泄泄沓沓时，我则凄凄惶惶惟恐倦怠。并非无病而呻吟，实则观察己身的一些衰落之变化，不得不说。

今年以来，家庭气象的转变足有可称道的地方。我细观家族中的同辈与后辈，他们的思想、行事有许多值得称赞的地方，尤其是家族中的年轻子弟一辈，读书用功，很是值得褒奖。他们的行事，也是转变不少。以前交有好亲损友的，现在知道远之离之。以前缺乏耐心伏案苦读的，现在也知道勉力向上；以前心浮气躁的，也开始沉定心思，修身养性。这种气象的变化，真是令我感到十分高兴啊！《家声》的出现，适宜在此时。藉此《家声》，各人可以抒发各人的思想、志向以及兴趣，这种做法更可以奖勉劝诫各人，使得他们品性敦，勤励学。可谓为益甚大。

长久以来，我就怀有这种打算和愿望，但是碍于俗务繁忙，抽不出空暇来顾及。现同辈和年轻子弟一辈，携手合作，促成了这种局面的出现，真是可喜可贺啊。由此，各人所怀蓄的关于改进家事的思想或意见，都可在《家声》上随时提出。各人的学业成绩，亦可在上面随时发表。家事、新闻，也可以在上面随时披露。这真的是很有益于家庭教育的做法。虽然我俗务繁冗，但也定当勉力，抽出时暇大力支持，使避免这种良好局面在半途中夭折坠落，这同时也是家中每个人应尽之义务。

母教的感化力

善财童子五十三参

第42参一天主光天女

幼年的教育，十分有九分靠着母亲的，因为父亲在外时候多。又因父严母慈，所以与父疏远时多，与母接近时多，所以母教系极关重要的。我记得我少年时，所受我母亲的教训感化，于我终身的做人有大关系。我今将我深印脑中的几件事，写出与大家看，让大家晓得，为父母的言语教训，于子女有如此深远的印象留在他们的脑海，就晓得自己的责任很重而一言一动也不敢轻忽了。

我十五岁时，同我二哥回湖南过小考。侥幸地进了学，但是很染了些社会上的坏习气回来。学会了两件事，一件是穿些下流

衣服，一件是捧个水烟袋抽抽。我记得我回上海后，穿了件青绢的汗褂裤，系我叔父所给我的，很有顾影自怜洋洋得意的样子。列位要晓得，凡人的思想，与他言语举动嗜好态度是相表里的。我穿这种衣服的时候，我的思想现于言语举动嗜好态度的，就可以想见了。有一天，我母亲看了我那副样子，就说，三儿呀，我看你出门一趟，简直像变了一个人了。我觉得你很学了些下流的样子和坏的习气呢。这句话说得很平和，但是我好像听了一个晴天霹雳、当头棒喝，从梦里醒转过来，晓得自己实在是堕落了。从此我把那青绢衫裤不再穿了，水烟袋不再捧了。我后来穿衣服和举动嗜好反有了些古板迂拘的脾气。那时这一句话很有些影响的。

又一次，在上海道衙门时，我大约是十二三岁。因事被母亲责训，我就口辩护短。母亲就说我不解尔何以总好巧辩，我就大悔悟起来，以后再不敢对母亲强辩。我长大后，对朋友说话，都留心些，恐怕朋友说我巧辩。这也是那时一句话的影响了。

又一次，也是十二三岁的时候，是什么年节喜庆。恰值父亲不在家，我们随母亲敬了神后，就给母亲道喜。我穿了大衣服，要行礼的时候，跳跃歪斜地很不恭敬。母亲正色斥我，说何得无

状。我总晓得自己的放肆，因为父亲在家的时候，向不敢如此放肆的。以后我就自己略晓得敛迹，晓得恭敬系各人的本分，不应全靠父母督责的了。

还有一事，是深印我脑中的。我们住在制造局的时候，有一年母亲大病数月，那时我正八岁。有一位李太太，从苏州来看母亲的病，住在我家。这位李太太喜食田鸡，我们陪着客在堂屋吃中饭。母亲睡在房内，晓得李太太买了田鸡，就在床上呼我等说，某儿某儿呀，你们不要吃田鸡呀。我们大家都答应了。我当时听的这句话，至今还记得清楚。我是终身不会吃田鸡的，就是这句话的缘故。

感化力有时有不可思议的影响，英文叫做因斯派内兴（Influence）。梁任公有一篇小文说因斯派内兴的功用。我自愿生平还能免于大罪大恶，实在要归功于我母亲的感化力了。

善财童子五十三参

第43参—童子师遍友

家庭功效说

何为功效？凡做一事，均求有好成绩。若是成绩好，就算功效高；若是成绩不圆满，叫做功效低，或说是无功效。工厂的功效，就是出货好、成本轻、售价高。国家的功效，就是贤才多，地利与防卫固。家庭的功效，也大概是一样的意思。就是要家里人人自立向上，能生发、少耗费。换一句话说，就是衰败之家人人不自立，不向上、不生发、尽耗费。再简单地说，就是不勤不俭而已。要家庭功效好，第一要有人把一家的人、一家的事，通盘打算，看有了何种弊病，应该救治；或有何种短缺，应该振兴。再来一一地下手整顿。

我想一家功效的关键，在造就有功效的人。有了有功效的人，别事都随着有功效了。功效的高低和有无，就是实与虚的分别。请看功效低的人家，细察他们衰落的原因，总是专务虚荣浮华的，譬如穿戴讲究、起居阔绰、动用的适意、吃喝的快口，但这些事都不是能实际受用的，不过徒然增加消耗，养成骄奢淫逸之习惯。不独是钱废弃了，终究是人也废弃了。反观那有功效的家，看他兴盛的缘故，总是务实事的。他穿着朴质、做事勤苦、起居简陋、使用俭省。我认识一个西洋人，是上海一个最大的富豪。他的衣帽都是破的，他的车子就是两双腿，连黄包车都不坐

善财童子五十三参

第44参—善知众艺童子

的。他虽然十分的节省，但每年也很花几千两银钱帮助慈善事业的。而且他办事也很有功效，他今年已八十余岁，还是事必躬亲，极其健康的。社会上都嫌他吝啬，但是一见了面，无不五体投地地恭维他。这就是务实的效果了。那些务虚荣的人，浪费金钱，单求适意摆架子，到后来总是低首求人的，那时候架子就不能摆了。这就是务虚荣贪安逸的结果了。世上的人，被这摆架子和求适意的习性害得多了。我们亲戚朋友中受这害的不少，就是我们家里，恐怕也是难免如此的。既然晓得虚与实就是功效的关键，我们要从这里注意改良了。

上言功效即是实与虚的分别，现在要把几件日常很普通的事来证明，就晓得我们平日观念容易错误。每每认虚为实、认歹为好的，譬如古人常言：家里有三种声音是好的，一是读书声，一是纺纱声，一是婴孩啼声。但是现在受新教育的人恐怕听了这三种声音都要厌烦。照这些新青年的思想，夜间余暇时间，只要开了电灯就来弹琴唱歌跳舞打牌游戏。若是有些唧唧喳喳哗啦哗啦的声音在旁边吵闹，那是讨厌得很。照他们的意思,小孩子只要雇了奶妈去带远远地放在一间房，不要来吵闹我们。至于衣服，只要到店里花钱去买好看的裁料，何必自己去费力来纺织呢。那高声读书的，更是寿头了。青年的观念如此，是因为他们看见社会上尽有许多人是如此的，就是用巧妙的方法，不消费得气力，便赚了大钱来任意地享用。不知这巧妙的方法是最不可靠的，是终究要失败的。若是不然，古人为何要说这些笨话？难道他们喜欢吃苦么？不晓得逍遥写意么？自然是老成阅历、得过大教训、吃过大苦头来的，方才晓得苦中甘、难中乐了。青年人未经过艰苦，只想多赚钱就好快活，不想想世界上的钱财货物是不够这样分配的。我享用过点分，就有别人短少缺乏的，我尽量适意就有别人为难困苦的。这是相对的，也是循环的。这种对面的景况，终究也是要轮到我们身上的。

我要略为发抒我的意思。我从前也是喜欢打扮得干净，手要用肥皂洗得白白的，有时还要打点香水，无非是要又香又洁。一则为自己享用，二则为人家羡慕。（注意：这里面很含着坏的意思。）现在我的观念改变了，我觉得粪

味很香，香水反是很臭的。这话很稀奇，待我说明。

我满心就喜欢田园趣味农家的生活，因为觉得世间上只有农人是真生产的，其余的人都是分利的。所以希望有几十亩田土，每日自己做点农作的工夫。眼看青绿的滋长，劳力之后，得了收获来享用，格外地有趣味。但是这种的趣味与粪味是相连的，与肥皂和香水是相远的。二者不可得兼，所以我要舍香皂而取粪了。再进一层说，香水香皂，是与恶浊的毒疮缘分最深的。大凡花柳毒烂鼻子烂脸的人，大概总是先从香皂结缘的。一时的香洁，就是后日脓臭的萌芽，所以我认为香水肥皂倒是臭的了。十余年来，我未用过香皂香水就是此意。我这话也是格外偏重男人们说的，所以我想家家人人总要去浮务实。例如园庭，照普通时髦人的欲望，总想居屋须有个花园草地。我想有了空地，总要多做菜土。一则有好蔬菜吃；二则也可教子弟习练些农产知识。须知农产是世间上生财之大道，长久而靠得住的；三则那贵族式的花园，徒然增长我辈及家人子弟的骄傲观念，是于德性大有损害的。再讲我们的房屋，普通的要许多的房间，陈设得讲究而无用的，专备客人来看，家人反无一间舒服的房间可以大家享用，

以致各人在家中觉没趣味似的。男男女女都要往外跑，以取娱乐。我说款客的房，虽不可少，但是使一家人平时聚集做个家庭俱乐部更要紧些。所以这房间里，不要有贵重华美的物品，却要多陈设些书籍笔砚，及正当家常生活的家具，和正经娱乐的物事。在各人工作的余暇，聚在一堂。男的读书写字，女的做针线；或有时弹琴唱歌，亦是好的；幼年的玩耍，老年的说些故事；考究家人的学业。讲讲为人的道理。这是能使一家团聚、增加一家功效的好法子。这事亦不甚难，既是一转念间，就变虚为实了。

善财童子五十三参

第45参—贤胜优婆夷

家计方针

我们凡百事体，都要预先打算，定出一个主意来。我们的家，自然是我们最大的一件事，岂可不定出一个主意来？所以我们讲讲这个问题。

我们的家计方针，大概有几件事要研究。第一件事系教育问题：我们的子女，要他们有些何等样知识、才干和思想道德。第二件乃财产问题，系我们的产业，应该有若干：我们一家的费用，应该是个什么局面；我们应该住个什么样子的房屋；穿什么样的衣服；我们应该住在什么样子的地方，或是城市，或是乡村，或是繁华，或是清静的处所。凡有家庭责任的人，这都要一一考虑。我且发抒点我的意思。

说到教育，自然是要从实用上注意，但是认明这实用的意思，很不容易。譬如进学堂，学西文，习科学，出外洋留学。人总说，这是求实学了。但是我所晓得的出洋学生或国内大学毕业的，有多少寻不到事做。老实说大多数这样的学生，也做不得事。既做不得事，他的学问就是不合实用了。我们家里的如此，别家的亦何尝不如此？真能用的实在是少数，就是一两个得用的，也是缺而不全的。简直说，完全合实用的，不是现在的学堂所造得成的。再看那些能够做点事的学生，又不是靠他学堂的教育，仍旧是靠看旧书上所得的知识，好家庭的训练，阅历来的经验。照这样看来，学堂的教育是不合于维持生活的了，而且大学毕业出洋回来的人，多半眼孔看大、享用阔惯、习气很深，每每与社会家庭不能融洽，总算是害大利小。所以我的结论，就是子弟教育，要注重国学，尤其要注重德育。这教德育的方法，须要幼时从礼教入手。例如洒扫、应对进退，是切实用的礼教。洒扫就包括一切服务，这里面有历练做事的方法，无形中就养成管理家务、熟悉人情的才干，不是小事呢！讲到应对进退，就是在家里晓得说话轻重、眼色高低，才能够出外应世接物。我看见有许多出洋回来的，连个手都拱得不像样，只会拉拉手，须知道这是他第一步失败的弱点了。再看他说话，稍微曲折点的意思，便不能表达出，写封信更难了，这样的人是不容易成功立业的。所以我们对于子女们礼貌，不可以让他太随便。若是在家里不教正，日后他们很吃亏的。因为世间上无论何人，总会挑剔别人，决不会像父母这样的肯随便肯原谅的。若是教他们随时在颜色语气上留心，叫人见面不讨谦他，办事上要顺逸得多，求事也容易得多了。

第二 就是要从理性上头注意。理性不须说得高，只要从他们言语行为思想上留心。最要紧是惩戒他的欺贪，奖励他的和识。若是孩子们，天性顽强的，一刻难于改变，只好常常用些格言经训和因果感应之书给他讲说。一面从自己忏悔修德切实做功夫。这天人感召之理，最是可靠。较之空言劝责，效验更大呢！至于女子的教育，我认为学堂里也是害多利少。说几句洋话是于我们的家庭无用的，弹洋琴唱洋歌和打扮得好看的，闲坐应酬，系于往后世界社会经济的情形，不相容的。将来的教育必定要趋向到人人能做工的，就是做衣裳、洗衣服、煮饭菜，必须要自己动手的。手纹要粗，不应该养得洁白细嫩；衣服要粗料朴素，不应该穿得细软美丽。列位或者觉得我未免太过，但是我看得清白，这时候要快来了。列位若是不信，请看看那些俄国女人。凡在上海的多是旧日的富豪贵族官僚的家眷，现在不做乞丐，便要当娼。常常有很讲究的衣服，拿来贱卖，卖了吃完，仍然无法生活。这真是殷鉴不远呢。列位要以为中国不至于像俄国那样，那就要自己吃亏，也要叫子女将来吃苦了。

现在这个局面是世界几千年来的大变局，我们的眼光要放宽点远点，免得日后追悔，就是万幸了。单是看得到仍旧是无济，所以要从实际上预备。这预备就是从教训子女着手了。我并不是说英文科学不要学，男子当然是要有些吃饭的技艺、办事的常识。只要宗旨定得明白，根本不错，这些学问科目，轻重缓急之间就容易辨别了。以上是关于教育的。

喜财童子五十三参

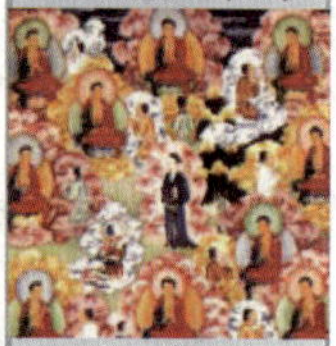

第46参—坚固解脱长者

讲到关于生计的，我也有些特别的见解和主张。因为我们的生活问题，要连带世界经济问题和国家经济问题一起讲的，不能单独把一家一人的生计问题来讨论，求单独的解决。我们虽然自己有主张有志愿，无奈那环境的影响，和时代的潮流，力量很大，使我的志愿主张竟做不到的。所以无论何人一举一动一思虑，凡是为自己打主意的时候，总要替他人着想。我着衣的裁料，我饮食的物品，我居处的屋宇，都要随时提醒我的宽广思虑。因为这些东西虽似是我们的私事，与别人无关涉，实则别人在旁边留意，并且在那里暗中计议，说我们的衣服饮食屋子与他们的生活有妨碍的。所以有这样事情的缘故，系因为世间人多费工夫去做精巧奢侈及耗费的物事，便将正经生活物事的生产减少了。譬如种烟和做酒多了，稻麦棉的出产就减少，米面棉花就贵了；织绸缎细货的人工多了，织粗布的工钱也带着高了，布就贵了；其他动用的百物，都与我们生活日用的物价有相关的。有人以为我们用一瓶花露水，多两件洋货，与别人有什么关系？不晓得这关系是积小而大的。譬如中国现在每年吸香烟一项，要消费一万万元。不是几个人吸的，每人一天不过吸几支烟，值几分洋钱，总数就有如此之大。这数目要积下来，十年工夫有十万万，可以还国债，与工业、与教育。若是听其耗费，十年之间便耗去十万万。难道说我每天只不过吸几分洋钱的纸烟，可以不负这耗费十万万的责任么？这可以证明我们虽小小的耗费，买一物吃穿用，都与世界国家的经济有直接的关系，回头来便与自己有关系。有钱的人总不会觉得别人的吃苦的，譬如富人买衣料，两块钱一尺的花缎，还嫌它过时了，总想更出色点才好，价贵点不打紧的，不晓得大多数人连一角钱一尺的布还穿不起。他们在那里议论起来，说这布从前不过六七分洋钱一尺，现在要一角钱了。所以然的原因，是那些阔人把东西买贵了，他们肯出大价钱，一块钱买一尺的细洋纱，这粗货的工本当然也跟着贵了。这是实在情形。所以物料越贵，生活越艰难，民不聊生，所以有盗贼劫掠掳人勒索等事情出现。平常人总怪人心不好，世风日坏，不晓得这些事的酿成，是社会人人要负责任的。这些盗贼的罪过，我们应替他分担的。若是我们要减少这责任和罪过，先要节制我们的欲望。凡事要迁就些，用物莫太求便利，衣服莫太求美观，饮食莫太求厚味。就是要能耐烦习劳，就不必要便利的洋货了；能甘淡泊安朴素，就不讲美观和口味了。

以上所讲，系生计问题的大纲。大纲若明白了，合家的人便要照这宗旨做。父教其子，兄教其弟，夫导其妻。大家要认定这是救时和自救的惟一无二的方法。照这样做，便能大家保存安乐；不照这样做，便要忧苦危亡。这才有一线生机一条生路了。

劝过年吃素说

善财童子五十三参

第47参—妙月长者

大凡普通人家过年逢节，总要办些大鱼大肉吃。因为我国的古训平日不能常吃肉的。古时天子诸侯无故不杀牛羊，士大夫无故不杀犬彘，庶人无故不食珍肴。所以我国人大多都是俭朴惯了，平日里总是省吃俭用，到了年节，就办些好吃的饮食，先供了祖宗然后让一家人大家吃得欢乐。这意思很不错的，至于供祖宗的意思，并不是说祖宗的灵魂要吃东西，不过是逢年过节，自己想到自身及一家的来由和现在的享用，就要记得祖宗父母遗留的德泽，顾复的慈恩，所以要备办饭菜先供祭了祖宗父母然后大家吃。虽明知祖宗不会吃，这忠厚的意思是极好的。这供过的菜叫做馂余，又叫神福，就是分享祭神的福泽的意思。所以今人办酒肉，总说是办神福，这是古人逢年节吃些好菜的意思了。但是为什么我倒要劝人过年吃素呢？待我说出理由来。

第一层是我们平日里违悖古训，享用太过，应该在这特别的时节来补过忏悔。平常乡农人家，大多数平日吃蔬菜，我们居城市的，尤其那家境富裕的，平日天天吃鱼吃肉，有的人家还要杀鸡杀鸭。论起来我们住城市读书做生意的人，多半是四体不勤、无益于世的人。这享用是过分的，因为无功受享的缘故。所以受天理自然的裁制，就是刀兵、盗贼、疾病、争讼、烦恼，这几样事是城市的人格外多的。我们既然晓得有因果报应盈虚消长的道理，成为自然的裁制，我们就应该戒慎恐惧了。我们平日的享用既然都是太过分，到了年节大日子，应该借此自省自忏，所以应该吃素为是。

第二层是为的一家人免祸求福应该吃素的。除夕和元旦是一年的紧要日子，大家都要盼望家里人口清吉，家事顺遂，子孙繁盛，身体健康。总而言之，大家盼望来年凡事兴盛，同树木一样的欣欣向荣有生气就好。列位要晓得天理人心是相通的，善恶祥殃气类是互相感召的。我们想要家里人事兴旺有生气，要先从我们心里培植这种生气。又须知这种精神上的生气，总须从物质上的节制、欲念上的忍耐，方能有的。孔子说过“克己复礼为仁”，又说“仁者先难后获”。克己，就是克制自己的欲念，从凡百事物上来磨练，难舍处要舍，难忍处要忍，难行处要行。打破这难熬的关头，便到了成佛成圣的境界，这就叫“仁者先难后获”了。所以说一日克己复礼天下归仁焉；又说是致中和，天地位焉，万物育焉。这境界似乎太高，不容易领会，但是可以想见天人相通、万物一体、同声相应、同气相求的意思了。克制欲念才能培养这种生气，换句话说，顺从欲念就会戕贼生机。若问什么是欲念，就是眼、耳、鼻、舌、身、意六根所喜欢的物事，若是顺从它下去，就会发见骄奢淫逸的行为。这骄奢淫逸的结果，就是忿争、忧苦、病毒、败亡。这就是戕贼生机的证据了。克制欲念虽然要从眼耳鼻舌身意件件用功，但是最平常的就是口味。我们最容易犯容易体验的就是这舌根的欲念，所以要克制欲念的功夫，要从舌根入手。譬如教小孩子们说些克己制欲的话，他是不懂的，但是这节制口味的事，用不着多讲，就可在事实上施行受用的。从实际口味上常常克制忍耐，然后别的事也能够节制忍耐，这生机自然能常保存了。普通人不明白制欲功夫的紧要，当

如意輪觀世音
普陁落伽山觀世音

救苦觀世音
尋聲救苦觀世音

善财童子五十三参

第48参—无胜军长者

然不晓得吃素的深意，但是一经说明，我们不能不从早悔悟。若是难于立刻彻底实行，需要寻个入门方法，就是在这年节喜庆生日、大家希望好处的日子提醒这培养生机的意思。勉力把这一两天来试验，平日里顺从欲念戕贼生机太多，这天里特别克制欲念，不要拿万物的生命来供我的快意。只此一点年头，世界上就会添了生气。列位若是细玩此意，就会觉得舌头忍一日，心里安得多呢。

第三层为维持国民经济、图谋世界幸福，我们应该提倡年节喜庆吃素的。何以故呢？诸君要晓得各处乱事频仍，盗贼遍地。只有一个原因，就是财源枯窘、生计艰难。试看各国劳工运动、社会革命和种种的欺诈、战争杀戮，岂有别的原因吗？只是因为物产少、价格高、赚的钱不够生活，不得已要巧取力争。所以物少价高不够生活的缘故，一是大家贪现成、懒劳作；二是因为大家不知节制欲念、好吃大用。现在要大家各自节制欲念，自然是空言难行，但是若是从一种定期的、有方法的运动，就能多少有些补益。譬如我国四万万人，如果每人平均在过年过节多花一角钱吃食，就总共要多花四千万银钱，何况平均不止花一角呢。这样的钱花了不觉得，省了也不看见，但是在国民经济里面，实际上是在那里加减乘除的。如果一年三节省了几个一角，那总数就有一万几千万元呢。社会上多几担米多几斤肉，这米价肉价就会低落，若是缺少些，立刻价就涨高。现在既然事事昂贵，若是能提倡节俭，当然是物价会落下来，生活容易些，世界自然会安宁些了。有人说我们应该提倡实业、积极地生产，不要讲消极地节省。我告诉他说，要先能有消极地节制自己欲念的人，方才能做积极事业、替国民生产，否则别人所生产的，都到了他肚子去了。所以若是不提倡消极的刻苦克己，连生产的工人都会没有了。现在的人喜欢当兵做匪、做政治生活，不喜欢种田做工，就是个铁证了。有的说你尽管提倡大家过年吃素，不但不会有四万万人信你的，连四十个人恐怕也没有。若是只有几十个人照做，与国民有何裨益？我告诉他说，我们做事只要辨明义理应该不应该，不要管后来功效的高低大小。我却自信如果中国只有我一个人这样地做，中国国民也多少要受一点好影响的。

第四层为的是各处水灾兵灾，我们应该吃素。夏历五六月间，湖南、直隶、江西、福建、广东各省遭遇极大水灾，四川遭了水灾旱灾，江苏、浙江、直隶、河南等省遭兵灾，有多少人家连房屋都漂没了，烧完了。衣服被褥是没有了，吃的东西靠人赈济，款少人多，饿死冻死的仍旧不少。到了过年的时候，我们未被难的人家，合家团聚，大众快乐；他们被难的人家，身上冷、肚里饥，扶老牵幼的在风雪里受冻。再点一点人数，有的被枪炮打死，有的被兵匪杀死，水淹死、饿死、冻死的，或者父母不见，或者子女亡失，或者夫妻分散。我们试替他们想想，何等悲惨痛苦！我们虽然有的已经捐了几文钱，帮助赈济，但是要问一问我们的心，究竟已尽了么？我们虽然坐在屋里，眼不看见，但是明明知道这些灾区里，是有许多人没有衣食居处的，他们是必须靠人救济，否则要冻死饿死的。我们要再问我们自己，既然知道有许多人快死等救济，我们是不是没有力量帮助他们？我们若一千一百拿不出，是不是一元两元也拿不出？我们吃鱼吃肉是否从没减少一点？我们平日吃的不能稍微节省？到年底下特别增加的鱼肉酒菜，也是万不能省的吗？一面明知有人快饿死，一面我们自己来加倍吃喝作乐，彻底算起账来，这些饿死的人，虽然不是我们直接杀的，良心上是要负责任的。孟夫子说“庖有肥肉，厩有肥马，民有饥色，野有饿殍，同以梃与刃杀人是一样的”。我不敢劝列位因为这灾荒的缘故，平日里不吃鱼肉。但是在耗费作乐的时节就可转过来，格外节省克己一点，替这些苦人表同情，并将省下来的钱帮助他们，那么问起心来，稍微可以安贴了。

善财童子五十三参

第 49 参—最寂静婆罗门

根据以上四层意思，我就要劝我家各人在过年这两天吃素，把节省下来的几块钱做施舍用。我们祖上历代传下来的家风，就是元旦日日吃素。可见，祖上是深明这几层意思的。祖上修的行善使我们现在享其遗泽，我们废除这种好家风，真是可惜。但是现在来恢复，也不嫌晚的。或者问我说，你说祭祀祖考是要紧的，若是家里人都吃素，就用素菜祀祖，恐怕不诚敬吧！

我告诉他说，祭祀祖考是孝子仁人之用心，但是不重在物质和形式的。《左传》有云："黍稷非香，明德为香。"又云："涧溪沼沚之毛，苹蘩蕴藻之菜，可荐于鬼神。"《易经》云："东邻杀牛，不如西邻之祀祭，实受其福。" 若是真出于报本追远之诚意，菜之有无且无关系，荤素更无问题了。若是因为自己的口腹之欲，反藉词于祖宗是吃荤的，杀生戕命，是明明归过于亲，就与古人善则归亲过则归己之意大相悖谬了。

人多言不能吃素，此习气为害耳。喉舌之嗜欲，不过为习气之一而已。下咽之顷，不肯稍忍须臾，盖为此习气所役使，而良心及清明之气失其主宰。若能发奋自胜，使良心不为此习气所役，即所谓克己复礼，亦即以理胜欲者矣。彼言不能者，曾否虚心自问否耶？以言好生之德，则杀群生以养己，生究为合理否耶？以言克己之功，孔子言"君子食无求饱"，又言"士志于道，不耻恶食"。又亟称大禹之菲饮食，颜子箪食瓢饮之贤。彼之为吃荤辩护者，讵非有顺从欲念之心存其间耶？以言养生，则少食肉之乡民，较多食肉之市人为强。以言智育德育，少食肉之东方民族，较之多食肉之民族，智慧为高、德性为醇，不亦甚显明耶？然则谓不能吃素者，舍欲念习气外，更有何说耶？日日为欲念习气所役而不能自胜，则以不肯清夜扪心平情推勘耳。一经推勘，则辩护之言，殆未能自慊于心矣。

予于此问题，推究颇深，详见于所作各文。但不可不知者，则予昔年亦好肉食之人也。予之食肉，养身之意为多。三十岁时，体弱似痨，故信西医说，多食牛肉。又听有人说，多食牛尾牛筋。如是者数年，竟无些许之益，衰颓成废人。宣统二年五月，表兄曾季融劝余罢一切补剂。其年六月，伍秩庸先生劝余除一切肉食。其效立见，诸病悉痊。近七年吃纯素以来，脑力尤远胜于前。昔年看书一日难毕十页，今则下笔数千言，不觉倦乏。予一切学问凡稍有寸进者，皆近数年事也。此则予所经验也。至予所觉为受益者，尤在因节制饮食而习练克制欲念，觉须打破此关而后能言克己之功耳。

录1925年《聂氏家言》第一辑

第四辑　学佛札记

须常抱积极之大悲心，发救济一切众生之大愿，努力做利益众生之种种慈善事业，乃不愧为佛教徒之名称。

——弘一法师

劝研究佛法说

善财童子五十三参

第50参

—德生童子有德童女

一、佛法大乘

佛法博大圆通，而又平实坚固。凡稍具慧根，能读大乘经典而肯精心修习者，则能愈造愈深，愈见其博大圆通，而亦愈归于平实坚固焉。故《般若经》以“金刚”为名，喻其坚固而不可坏也。然金刚岂果足以喻佛法之坚固哉？天地有尽，日月可减，一切有为之法可熄，而佛法不可坏。盖世间一切物，坚固贞恒如山河大地金刚宝石，皆具必变必坏之理。故世间实无不坏之物，惟知其终坏，故知其目前之存在，乃暂而非常，幻而非真。惟其非真非常，故知沾恋此一切物之人我众生，亦随之流转，成为暂幻。亦从可知凡能不滞着于此暂而幻之一切物与法者，则真与常之道存乎其间焉。

佛法者，导人以归真反常之路者也。自世人之眼光观之，则百年亦寿矣，宇宙亦大矣，庶类亦众矣，饮食男女富贵功名亦乐矣。得之者欣喜感谢之不遑，不得之者艳羡营谋之是急。而自佛眼观之，则但见其贪嗔、痴妄、妒嫉争杀、忧怨烦恼、疾病死亡。不仅此也，又见其恩亲怨仇、叠互报偿；畜体人形、递相敢噬；六道轮回、长劫流转、迷惑颠倒，各不自知。逐妄谓真，认苦作乐。此释迦如来，所为慈悲垂愍。现身说法，欲度群迷，同入觉路者也。无如众生业障深重，呼之不寤，启之愈疑。佛以清明之眼，视三界如火宅之不安者。

吾人以业障之识，认六尘如蜜味之难舍焉。见地之不同，固有如此者。夫常人之智，去圣甚远。然他人有过，见之则明。訾议非难，虽三尺童子犹优能之。其不见人过，不谈人过者，吾见亦罕矣。至于常见己过而勤于省察诚心悔改者，亦千万中不得一焉。见人过则明，见己过则暗。惟见人过，故我慢益深；不见己过，故我执益重。总之迷而已矣。迷者不觉之谓也，惟其迷而不觉，故陷于罪纲，趋于险途，安于苦趣，沦于恶道。举世间一切烦恼罪苦，何莫非迷之为害也哉。

佛者，觉之代名词也。去妄返真背尘合觉谓之佛，离真逐妄背觉合尘谓之众生。佛与众生原为平等，何以故？以一切众生同具佛性，与佛初无差别故。故佛视众生一一皆佛。而以迷故，失其本性，入一切苦，不得解脱。孟子曰："人皆可以为尧舜。"以吾人所具之真如本性，圣与凡同一故耳。

二、存心制行

论佛法之极则，须明心见性、脱离轮回、断尽惑业、成等正觉，其义深远。初非常人所能了悟，惟佛示坐，欲度群众。故其说法，方便随缘；大小乘经，卷数千百；契理契机，各以因缘，深浅受悟，故入佛成佛。其道至广，其途至近。大藏经典，浩如烟海，皓首穷年，不能尽读。然不识一字者，亦自能与彼偏读大藏经论之人同证佛果。陆象山曰："我虽不识一字，也要还我堂堂地做个人。"此即人皆可以为尧舜之意。

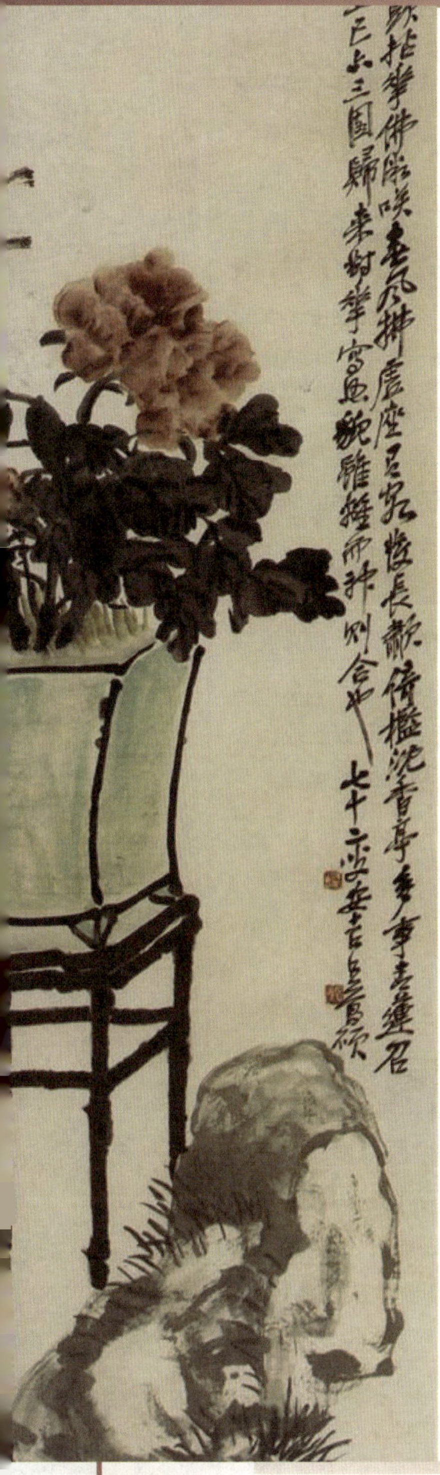

儒家之言凡圣无别者也。大学之道，在明明德，在亲民，在止至善。其程序为定静安虑，其功夫在格物致知诚意正心。此亦惟生于精勤之修习。虽不识一字，尽可办得，不待读破万卷而后能也。故有博学多闻之士大夫，而悖礼蔑义者，则名之曰禽兽可也；亦有目不识丁之愚夫愚妇，而居仁由义者，则称之曰圣贤可也。故知做圣之道，在存心制行，不在博学多闻。求己则当下具足，务外则徒劳无功也。惟佛亦然。故曰："放下屠刀，立地成佛。"亦因佛性本然，当体即是也。明乎此，则吾辈固具做圣做佛之资。然而不为者，岂非自暴自弃也乎？愿世人于自心本具之道。多漠然置之，而欣羡乎功名富贵，且营谋之莫不尽竭其智力。然而未必能得，或得之旋失，且以致祸，何哉？良以其所求在外，而非由己故也。若夫修身养性之事，则己所自主，非他人力所能及。求则得之，舍则失之，良以其求在我而非在外故也。故赵孟可以使人贵贱，而圣贤佛菩萨不能强人使成圣佛。内与外之不同耳，其故可思矣。

三、习佛正身

或曰："修身养性之事，孔孟言之详矣，何为而必学佛？且佛出世法也，其道难行，非可尽人而学，则何不专求之孔孟之言乎？"答之曰："凡世间法，孔孟尽之矣。然吾人岂惟生是世而已哉？前乎此生，后乎已死。孔子所不言，则有待于佛说焉。盖我佛如来，以历劫修证，成大正觉，得大智慧，具大神通。故其眼光，透视一切，前劫后世，微尘世界，一一明了，如指掌纹。我辈众生，未了生死，不依佛说，从何解脱？”

吾尝思之，吾人有生，譬犹居室。孔子之道，如居室中，四周有墙，上有瓦覆，下有地载。室内设备，一切用器，莫不悉具。吾人自母胎降生，以至终老，所需之物，俯仰具足，无待外给。乃至几案床座，陈列有序，图书珍宝，灿然美观；饮食衣服，随时供给。诚无遗憾之足言矣。

此世间法，当以孔子教义为集大成者也。然而吾辈来有所从，去有所往，曷因而来，往将何止？此室中人，亦当计及。何以故？此小室中，不能常居，来非由己，去不自主。譬如旅宿，明旦将行，若不问明途径方向，茫然就道，将何投止？逆旅主人，款我周至，宾至如归。所求无缺，惜此馆舍。不能将随，辞馆登程，须作他计。

四、佛法明理

佛名大觉，如指路人。熟知山川，道途夷险，更知前程。宿泊之处，道有数途，宿有多所，其间美恶，颇为悬殊。告行路人，善自选择，此指路人；亦有居所，室无墙壁，亦无覆载，以大觉故。洞瞩无际，横观十方，竖穷千世，故所指导，真实究竟，遵之而行，庶得安稳。儒佛之异，盖如此耳。盖儒者之道，格致诚正、修齐治平，所以修身治世之法备矣；孝悌忠信、礼义廉耻，所以立教励行之目详矣。然佛亦住世，固不废世间法。其为世间人说法，亦不外孝悌忠信礼义廉耻等。其所异者，佛所

说法，重究竟义。何谓究竟义耶？即此居室墙壁覆载之外，一切景象物事，来源去路是也。孔子不言天命之所以然，不说鬼神生死之事。盖儒家之正宗，专以日用人生立教，故六合之外，存而不论也。然世界固不以吾人所居者为止，此世界中亦不以人类为止，人类亦不以此生为止，此皆事实之彰彰者也。假令此世界外之种种界与人无关；人类以外之万物，与我无关；我生以前至死以后，与现生之行为命运无关，则吾人亦何事研究及此渺茫之事耶？惟佛慧眼洞见此一切色相受生之世界人物，皆为吾人业力因缘之所成就。

善财童子五十三参

第51参—弥勒菩萨

五、六道轮回

天人鬼畜，罪福因果，递相轮回。末由超脱，以业障故，不自明觉，不能得见十方三世六道众生互结之缘。惟逞迷情，增造恶业。享福报者，富贵安乐，益迷本性；恣情享用，肆作威福，凌虐他人，暴殄万物，方自以为此天所命。（注：纣王暴使其民，百姓怨叛，乃曰：“我生不有命在天，彼何能为。”王莽亦言：“天生德于予，汉兵其如予何？”）受苦报者，夙世有业，不知忏悔，肆身口意，又增新业。设此迷众，忽得慧眼，则能视见，今生受命之所由来，贫富贵贱智愚穷通，悉为夙业之所招致。

又见今世父母妻子、友朋仇怨，悉为夙世之所交与。或为恩人，或为怨家，或为债主，或为逋负。今来报偿，各如其量。

又见所居世界，于三千大千中只一微尘。上有佛土天道，下有鬼畜地狱。除佛土外，余皆轮回于生死苦海，不得超脱。

又见吾人生世，号称百年。在无量劫中，才一刹那。前有千万亿世，后有无穷尽时。在此过去劫中，忽然生天生人，忽然为鬼为畜，皆从受身时之一刹那顷。造各种善业恶因，还于尽未来际，收各种福罪果报。

又见此世界内一切众生，人形畜体，罪福报应。各个以其业力因缘，造成今生形相命运。

又见吾人自身，各具妙觉明心，真如佛性。于清净中，得大自在。惟因业力，致起障蔽；一点灵明，变为昏翳；染幻妄缘，呈颠倒相；贪嗔痴妄，习为自然；杀盗淫妄，安之若素；窃取虚名，耽逐货利；争势争权，诲淫诲盗。致使子孙惰逸骄纵而归覆败，树立怨仇，嫉恨倾陷。以取祸害，作伪心劳，至死不悟。一旦无常，究竟何有？止余恶业，随身不去；更入三途，徐徐受报，如此等等。

世间情事，各以因缘，纠结变幻，于慧眼中，一一皆见，又复还见。

六、三毒：贪、嗔、痴

吾人一生，从少至老，从朝至暮，心随境转，烦恼不断。或于蚊睫蝇头，争夺货利，较锱计铢，念念不息。见世间物，一一可爱。惟愿是物，尽为我有。更有美色美声美味，一切可欲。见取不舍，以此贪念。执著牢固，不能解脱。

又或功名场中，争窃虚荣，扬己抑人，多行虚伪。出言行事，起心动念，专为他人观听之故。积虚伪心，遂成骄慢，发为

仇嫉嗔恨等念。因此我见，执著牢固，不得解脱。

又或业障蔽锢，无明炽盛，抱头狂行；蒙眼摸索，于摸索中，自谓全见。执妄为真，认小作大，将虚脱实，指反为正。于颠倒中，执我为是，由此愚痴，更增恶业。身口与意，不知戒制，任从肉欲，求快口味，由此演成，杀盗淫妄。以如是业，招如是报：遭杀遭淫，遭欺遭盗；天灾人祸，讥谗横逆。彼愚痴人，莫明所自。是贪嗔痴，名曰三毒。互为因果，循环不息。愚痴为病，贪嗔以生。贪嗔作业，还长愚痴。吾辈众生，于中生活，迷蒙醉梦，不得醒觉。偶有机缘，忽然醒寤，顿照前迷。贪嗔等害，于觉眼中，一一皆见。

善财童子五十三参

第52参—文殊师利菩萨

七、指津去迷

一切众生，迷多觉少。迷经百年，觉难一瞬。此一瞬中，幸自醒觉，便是夙世修积之果。亟应醒澈，猛省觉照，勿任昏沉，又复迷去。又众生中，痴多慧少，百千万中，慧难一遇。幸遇其一，指点迷路，便是善业所种之缘，应即勇猛研索究竟，不堪荏苒，敷衍过去。释迦如来，度众示生，于群迷中，为大觉者；以慈悲心，运广长舌，示苦乐途，指迷觉路；立大宏愿，度无量众，出生死海，超烦恼境。所谓佛法，广大圆通，平实坚固，是真实义。由佛慧眼，照见一切，依实而说，不由揣测。愚人无智，但信所见；其不见者，疑而不信。皆由惑业，结为蔽障。纵有见闻，无缘得悟。

大抵世人，法执为病，喜有为法，刚强性。如此等人，欲学道者，须自卑下、发空观心。由此熏修，则得正见。又有等人，弛懈为病，贪安就易，辞难畏苦，闻佛戒行，望而却步。如此等人，欲学道者，须自明决，发恭敬心，勇猛精进，则入觉路。佛所说法，千言万义，各以因缘，随机而立，皆方便门，皆究竟义。博如烟海，约以一贯。其道为何，曰戒定慧。试以儒学，推衍其义，盖学道之要义，儒与佛同。儒以明明德为极则，佛以得正觉为究竟。明德以平天下，正觉以度众生，其义一也。至其致明致觉之道，亦同一揆。

儒言知止定静安而后虑得。犹之佛言“因戒生定，因定发慧”。慧即始觉合本觉之正智也。大抵吾人性灵之湮没，皆由事物之纷扰。去其纷扰，慧明自现。所谓慧明，非从外得。譬如宝镜，蒙于尘垢。尘垢一除，光明复现也。至于致定静之法，儒佛复同一辙。儒言知止，佛教持戒。止至善者，断之以礼。视听言动，非礼则止；持佛戒者，杀盗淫妄。并酒而五，谨身口意。绝贪嗔痴，都摄六根，常住静念，持戒之道。于斯为至。衡以儒学，初无二致也。

或问曰：“儒佛修持，既同一法，吾辈素读儒书者，何必又仰求于佛法乎？”答曰：“吾前既言之矣。治世之术，律身之学，儒家之言备矣。然而天命之本源、人物之因果，是皆与吾人存心养性有甚大之关系者。儒者阙而置之，非究竟义也。”

八、戒肉食

今世人之以学佛为难者，以戒肉食为最。以其难也，则设为种种辩词，以护其短。夫肉食之不安于礼也，非仅为轮回受生人畜所共而已。即令世间实无轮回之事，而动物之含灵具识，在在可见，何忍恝置？例如母鸡奋翼以卫雏，孤雁哀鸣而觅侣，蜂蚁有法以治群，犬马衔恩而报主。其仁其智，其礼其义，异于人者几希？杀而食之，毋乃于恻隐之心，有未尽乎。

善财童子五十三参

第53参—普贤菩萨

儒家于肉食一事，虽无确定之主张。孟子于此问题，则尝有明白之表示。其言曰：“君子之于禽兽也，见其生不忍见其死，闻其声不忍食其肉。”故称“君子远庖厨为仁术”。此其言有深旨焉？术者权宜之谓，以显别于义之正善之至者也。朱注：“为预养是心，以广为仁之术。”绎言之，即留以为达之熟之之地，亦犹佛家之五净肉，为不能遽断肉食者开方便法门。夫孟子既认远庖厨为权宜方便，则其不以肉食为安于礼也意甚明显。观其敷陈王政，数言七十者可以食肉。朱注谓未七十者不得食也。则其以世法习惯未易遽改，姑为此严格之限制耳。此皆孟子充无欲害人之心以仁民而爱物立教之深意也。盖孟子言仁义至精，而仁义必安于至善，非可敷泛从事，浅尝辄止。故其言曰：“人皆有所不忍，达之于其所忍，仁也。”又曰：“五谷不熟，不如荑稗，夫仁亦在乎熟之而已矣。”甚是。则虽有不忍见死不忍食肉之心，而不能达之以见诸行事，自孟子观之，犹不仁也。王阳明曰：“知而不行，犹无知也。”则孟子视仁术为未熟之仁可知，而此知远庖厨之心。终有待于熟之之功，亦甚昭然矣。不然，孔门以格致诚正为学问功夫者，此等天理人欲之关。

是非几微之辨，正当推勘入里，求一明白的着落，勿使有些许含糊隐藏于中。以期如好好色恶恶臭之自慊于心为止境。曾谓孟子之贤，而以此掩耳盗铃之术为至善之义乎哉？如来说教，重究竟义，故于肉食问题，积极主张，定为戒律，使人必致其知以达诸行事。盖不如是则止至善之义有未安，而明德亲民亦必不能臻其极。今证以孟子之言，而佛之教义益究竟安稳坚固而不可破矣。于此足见佛法精义，得孔孟之教乃益彰显而无所抵触。

故佛教始于印度，而独昌于中国。因其有历代学者，能本其孔孟心性义礼之学以印证发挥之故耳。是故言治平之道，则虽值今日国际纠纷民生艰困之时，求之孔孟遗言。盖概括而无遗漏，应用而无不适当。然欲穷是纠纷艰困之所由，与夫祸乱杀业之所本，则须通三世之因果，明业力之感召。凡此世间一切事相之生减变幻，一一有过去时间同量事相之纠结，因缘与之相对相印，各如其量而自为消长。肉眼不见，佛则洞观，故悯众生。教勿造业，训诲叮咛，惟此一事。故言众生畏果，菩萨畏因。盖果有尽时，因无穷际。前途茫茫，言之可怖。如何而免造业？则当慎守佛戒、除贪嗔痴、谨身口意。

儒止至善，佛教念佛。以念佛心，即是佛故。故果能都摄六根，净念相继，尘障扫空，感应道交。及至临终，蒙佛接引，往生西方，一履佛地，永不退转，终证菩提，圆成佛果。此大乘教义也。最上根人固如是修，如是证。最下根人亦如是修，如是证。

以如来之慈悲平等，众生之佛性平等故也。愿见者闻者，悉皆力敦伦常，恪尽己分。诸恶莫做，众善奉行，戒杀护生，信愿念佛，自可生入圣贤之域，没归极乐之邦矣。何幸如之，何乐如之。古德有言：“人生难得，中国难生，佛法难遇。净土横超三界之法，更为难遇，我等幸而已得已遇，可不生信发愿、努力修持以期同登觉岸而后已乎？”

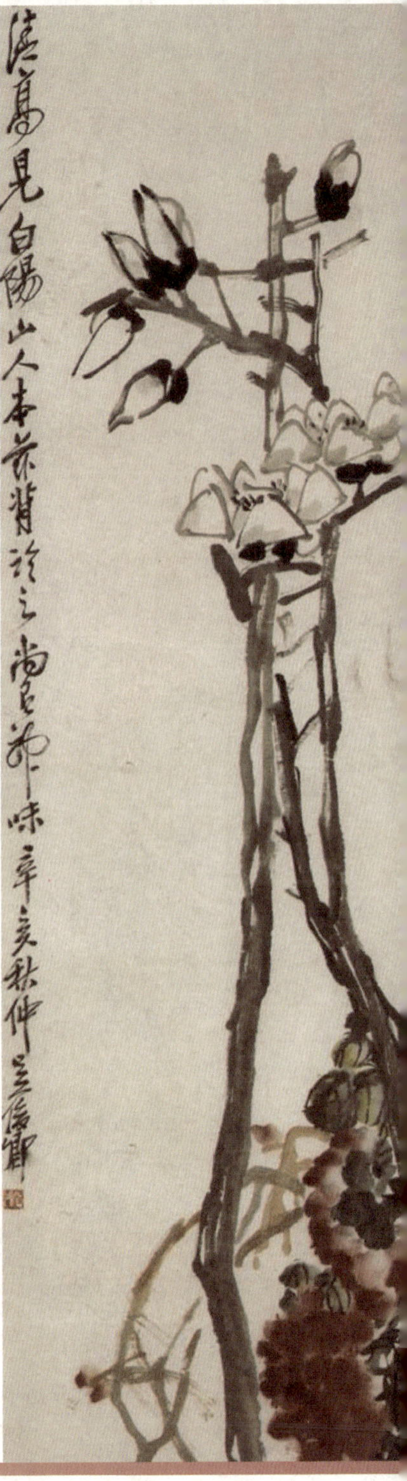

大悲观世音

易長觀世音
十一面觀世音

摩利支菩薩

南無金剛勇識

因果之理必通三世

因果之义，详见于佛说。由一心生万法，以万法归一心，其理至精深微妙。而祸福吉凶，特其浅焉者也。

一、心存因果

中国古圣以阴阳吉凶盈虚消长之理垂教，盖与因果之理悉合。伏羲作八卦，文王周公孔子作象彖系辞，皆此义也。作善降祥，作不善降殃；积善有余庆，积不善有余殃。犹专就吉凶以明因果者也，因果之义大矣哉。盖因果者，譬如形有影，声有响，又如摩擦以生电，乘除以得数，皆有定量。悉如其原有之分剂，不能有毫忽之参差。苟可有参差者，即不得名为因果矣。盖因果之程式，为一定而不可变者。苟可以外力变之，则因果之理失据。故曰不得名为因果也。例如以三乘二而得六，此一定之程式也。若能以外力变之，使得数为五或为七。则数学之公式失据，而不得名为数理矣。因果之理，与数理同。数理不可变，即因果不可变。若因已形成，则果必出现。其数量亦必与所造之因相应，其不应者必已别造他因混和其间故也。

然世人多以一时之得失，疑因果无凭；又或以愚迷之眼光，谓报应有爽。盖未知今生之享受，来自前生之业因；而今生所作善恶诸业，其受报又在后世。非大善大恶之心力，不能变易今生应享之命运也。证以八字推算命运之灵验，则知业命之说有据矣。（详见拙作《业命说》）业命有据，故知一生之智愚贤否穷通寿夭，已一定而不可移，必有其故。此命何人所定耶？若谓为天神上帝所定，则何以厚彼薄此如是之不均？若谓以厚薄为善恶之赏罚，则何以孩提之童，未有善恶之造因，已有祸福之差别？若谓为父母行善作恶之赏罚，则何以有父母作恶，而子孙福报甚优者？父母行善，而子孙命运乖舛者？故以福祸归权于上帝，而不明轮回之理，则其说皆不可通也。宗教家离轮回而言因果，强归之上帝赏罚；及见祸福无凭，赏罚失据，则诿之曰：神意高深莫测，天道微妙难知。

善财童子五十三参

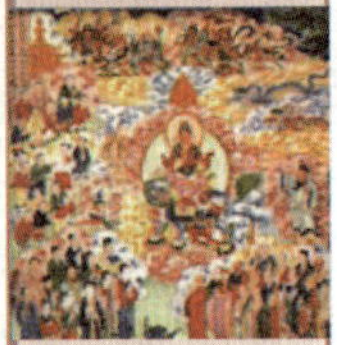

参妙峰德云长老问法得忆念诸佛智慧光明普见法证入发心住境界

二、因果无虚，祸福自致

夫神者公明正直，而必以人情为准。世岂有不可测之神意乎？天道者，圆通精确，而平实近易，然不在吾人良心之外。世岂有不可知之天道乎？司马迁以盗跖日杀无辜、暴戾恣睢，竟得寿终，而颜回屡空早夭、伯夷叔齐饿死，以为天之报施为不可知。世儒之以天道报施多爽为疑者，岂独一司马迁哉？惜其未闻轮回之说也，或闻之而执一己之见，不信其为真实。故善者日以怠，而恶者日以肆，吁可慨也！彼若明轮回之理，则知今生之命，本乎夙业；而今生善恶，又报在来生。来日甚长，且不止于一报，而将及于永劫，则善有所励而恶知所警矣。

颜回与夷齐，慧高而福薄，盖夙世厚于自修，而薄于利他济众之功者也；盗跖福优而慧劣，盖夙生有利济之功，而不自学修道义者也。然颜回夷齐，虽今生薄于福，而能尊德乐义，则来世之福慧增进，有可必者。福报由于布施利济，慧报由于精进修持。克己复礼，使天下归仁；以身殉义，使民德归厚，是为法施，为布施之最大者。盗跖虽仗夙世善业，幸得考终，而因迷造恶，则后世之沉沦恶趣，偿其罪报，有可必者。明乎此义，则不致欣羡一时之虚荣利禄，以自陷于杀盗淫妄之罪。盖知凡造恶业，迟早必报，不可幸逃也；不明此义，则惟以此生之利乐是计，不惜使贪使诈、损人益己。天下祸乱之所由作，皆缘不明轮回因果之义之故也。

三、因果三世业报

或曰："宗教家言天堂地狱之赏罚，不亦足以劝惩乎？"答之曰："宗教家之天堂地狱，其义甚狭，且窒阂而不通，不足以起智者之信仰，引狡者之欣厌。宗教家言但信仰其教，即入天堂。姑假定其信仰，即为善功。然善岂无大小之数量、功岂无多少之等差乎？小善大善，一同入天堂。且一入而永不复失，抑何其简易板滞也。又言不信其教者，则入地狱。姑假定凡不信彼教者，即为恶业。然恶无大小多少之数量等差乎？小恶大恶同一入地狱，且一入而不复出乎。抑何其武断严酷也。"

明轮回因果之说，则知世界人事之复杂万变，与人心之复杂万变，息息相印，无一成不变之事境，即无如是板滞简单之赏罚，故佛有心量之说。明乎心之有量，则知善恶有量，犹梓匠轮与之工事，有数可计也。匠人计工而论酬，心量因业而感报。其业万殊，其报亦万变。天道既为福报最优之地，决不能以小福德而同入天堂永受福报；地狱既为罪报最苦之所，即不能以小罪过而同入地狱。永久沉渝，是故有三界六道四生亿万差别之境，各随人之别业，趣以受生，以了其所造之因；而一道之中，其福罪

善财童子五十三参

参海门国海云比丘
观海现佛摩顶说经
忆念受持聚笔难写
普眼法门入治地住

程度，亦各异其趣，即如此人间世者。盖天堂地狱修罗鬼畜诸道一一备具之地，不观乎世有生而福报优者，然福之中有时而有祸；亦有生而祸苦多者，然祸之中有时而有福，其杂糅变幻。若是其万殊也，何也？心念时时不停，善恶相间发生。善人亦有时而萌恶念，恶人亦有时而有善念。有一念而造极大之善功，足以消千百之小恶；有一念而成极大之恶业，足以盖千百之小善。则其受福罪果报之先后长短，随之而变。譬如债主追债，强者先牵，故生天者不必其罪报之已完者也。天道报尽，还入他途，受罪报以偿清恶业。入地者不必其全无善功者也；地狱报尽，亦得生人天受福报以偿清善业。此其大致也。总之吾人一念之动，必形为事象，仍复以此幻身经过此幻成之事象，以完了此一念已造之因。

四、欲免苦果，须去苦因

试举目以观世人，有富贵安乐、潭潭府中之居者，必其前生乐施济众者也；有贫苦疾病刳泥涂之役者，则前世悭财巧取者也；有随处皆遇善缘、居危获安者，则前世之慈悲利人者也；有终身忧谗畏讥，所如不偶者，必前生之计谋机巧者也；有室家和好子孙贤孝者，必前生之敬老慈幼推己及人者也；有骨肉乖离鳏寡孤独者，必前生之只谋身家损害公众者也。如此之类，可以推测。总之凡一事境决无偶然者，如镜中之影，美恶态色，非镜自现，由彼对镜者返照而见也。

五、破迷见智

世界一大镜也，就中之形形色色，皆镜中之所现相也。物质之镜，越空间而显形；世界大镜，超时间而呈相，其为本体（所谓本体亦假定之名原亦幻体也）与幻象之对待则同。吾辈肉眼，

白水精觀世音
孤绝海岸觀世音

尊者迦葉

鍋巴嘎尊者

惟见镜中之形，以证其为有对待之体质。若夫从时间之镜，推证万象之本源，以见其同有对待之幻体，则惟具大智慧之眼者能之。

吾辈凡夫，皆仅具肉眼之人也。譬如盲人对镜具形，不能自见。旁有不盲者，告以镜中形态动静与己身之形态动静一同，无稍差爽。盲者决不解其故，将疑将信。然平时深知此人能见各物，所言他事皆有证验，此所言者，当非虚妄。又证以其他有目能见者之所言，与此人所言者，悉相吻合。且各言其回光返照之理，与事印证，而无滞阂。此盲人者，遂因其言以究其理之有当，并以知其事之非诬。故己目虽无睹，而能了然于事状之真象，与能见者无异，则是人者，可谓盲于目不盲于慧者也。吾辈凡夫，大抵盲于目者也。大镜当前，一无所睹；手扪镜台，不知为镜；镜中有影，尤无所觉。有能见者，告以镜象，以无见故，反谓彼妄。

善财童子五十三参

楞伽道边海岸聚
善住比丘现神变
来往空中持日月
遍游佛国散天花
身处烟焰无障碍
十方供养而成就
得普速疾供养佛
无碍法门修行住

伊古圣人有目者也。伏羲以降；至于孔子，皆诏我人以镜中之形，而能言其故者也。释迦世尊，殷殷垂教，析其义蕴，精入毫芒。明其旨者，则知万法唯识、三界唯心，空间时间数量体质四者以为因缘，成一合相。吾人肉眼，但见塞空间之物质，不见超时间之因果。而自大觉之慧眼观之，物体与镜象，东西对待，不因远近而生变易，亦犹前生后生；因果相应，不因隔世而有参差。间事相，对待显然，肉眼能见，纤悉无遗。然一纸之隔，纸外无睹。时间因果，对待亦同。

然生死相依，神识变易，五蕴障蔽，如纸障目；惟见此生，不通夙命。是故吾人当研输回之理、究受生之由、明神识（即灵魂）之为迷、信智慧之有在，则当捐除我执、远离邪见，以圣哲言训为师，以正法眼藏为的，庶几得解脱之门，登大觉之域也已。

记学佛因果说

予学佛之始，得力于包君寿饮之夹辅者为多。越五年，乃得晤寿饮之尊翁培斋居士于杭州。以适同寓于西湖招贤寺中，得闻其所述所以学佛之因缘。又得遇王君季果，言其学佛之因缘，皆由于培斋先生之尊翁死而为神，示梦显灵之启示，有以诏之。包王两君，均服官政，乃舍宦学佛。而朝夕功课尤勇猛精进，刻苦自励，敝屣一切，非深有得于中者不能为也。包君之夫人暨一家子女皆沐佛化，王君夫人则先王君入佛。京津间因受包君尊翁之启示而学佛者，不知其人焉。予既得闻其详，归而记之。以为予笔记之发端，并述其缘起如下。

予以民国九年冬，自欧游返国。外感欧陆战后凄凉困苦之状，归观北方旱灾流离死亡之惨，立志持斋戒杀，盖深信佛说因果之义。知战祸灾荒，皆群众恶业所酿成，而为口腹杀生，其最执之一端也。次年春，得识包君寿饮，并同游西湖，见微军和尚。予问曰："佛以度众生为志，而为僧必离世潜修，是自为而不为人也。似不若仍居市朝为利益众生之事，如基督教之所为者为善。和尚言潜修者，乃为度众生之预备，若自己尚不明白，何以济人？"答曰："汝今自思，凡汝所为利众之事，果皆有益于众生者乎？凡事须究竟，勿但观表面也。"予初不以为然。越半年，乃恍

戊午秋

然悟和尚之言为当。因稍读佛经，冀有所得。寿饮谓予须去我慢意、生卑下心；则执著成见可去，而于佛旨必易了解。并教予礼佛，以祈默相。予之学佛，和尚启之，亦寿饮教之也。

越四年，始得闻王君季果因包培斋居士之尊人灵感启示而学佛之因缘，旋即得晤培斋居士于杭州。居士即寿饮之尊人也。居士乃告予以其学佛之因缘。盖居士以孝廉官部曹居京师，平日好读科学书，深信科学西法为致富强之惟一途径。时欧战正殷、袁氏方死。一日夜半，梦其父来，坐其床沿上，谓之曰："予今为护法之神，因汝寿命已促，特来告汝。"居士问曰："寿可延乎？命可造乎？"其父曰："可。行善可延寿，汝依佛法修持，茹素念佛，则命可改造也。"居士曰："人力苟可延寿，则袁氏不死矣；素食可长生，则蔬菜将贵逾珍羞矣。寿命岂人力之所可为哉？"其尊人叹而言曰："汝执著甚深，予无法使汝觉悟，在汝自决可矣，终有一言告汝。吾辈生时造业已多，死时勿更增恶业。宜切告家人，勿厚殓，衣衾必以布料，祭奠勿用生物，棺木值数十元者可矣，此等物于死人无丝毫之益，而空耗世间有用之物，徒增恶业也。"居士乃感动，谓："父言恳切如是，必非虚语。因言当遵父命，但虽茹素，而滋养料不可少，必食牛乳鸡蛋。"其尊人曰："可。"且曰："汝可于清晨往东直门外某观音殿礼佛，予将候汝于彼。"醒而异之，就灯光视时表，方丑正也。初以为幻梦不足信，旋自念梦境清晰如此，非幻也。姑起坐，默忆梦景，回想父言，记之甚熟。恐复睡而遗忘也，因坐以待旦，决计往观音殿以觇其异。黎明即出门，步至观音殿礼佛。方下拜时，见一人立香案旁，手拈花，着蓝色袍，拜起而人不见。见庙祝正在殿中洒扫，因问其见适立香案旁人否。答曰："见之。是同君来者耶？"居士曰："汝确见其人乎？勿信口答复也。"庙祝曰："吾儿顷送客至车站。君与是人入时，彼适

善财童子五十三参

自在城中参弥伽
学分别字音总持
妙音光明陀罗尼
后而证得妙音住

出，请俟其归，问之。”居士因坐候其子归，亦言见有蓝缎夹袍者同居士入庙。适风动衣角，见其裹，故知为夹袍云。且言身材形貌，与庙祝居士所见同。盖居士尊人形状也，因知果为其父见示矣。自是日起，遂持斋断肉食，且诵佛号。时民国五年六月也。年假归津寓，家人始得悉居士持斋之由。于是夫人子女辈均同茹素，且同念佛号，为求居士延寿云。居士之婿某，自美国留学归。从西人学得通灵术，家人因相与请居士尊人之灵至，藉乩笔示教，所言惟佛法修持之事。久之渐播于外，亲友来问事者渐多。政界中有来问时事者，乩因谕家人嗣后不得复请，自是遂绝笔云。居士尊人生时官台湾基隆同知，平日最崇仰曾文正公。凡批判案牍教训家人子弟，语必称文正。素不谈佛学，惟戒杀甚谨。一日见厨司持生鱼入，立命笞责之。旋谓人：“予非欲笞彼，盖有强使其购致者，故警之耳。”

王季果居士，湘绮（王闿运）先生之第四子也。早年留学日本，毕业于士官学校。归国后，从事陆军者有年。其夫人杨氏，杨度皙子之妹也，同留学日本，长于国学，故其成就亦特优，为女留学界之先进。时维新革命之说正盛，季果与夫人，亦革新派之激进者。才气纵横，声名藉甚，为同学辈所倾仰。近数年间，季果与夫人，同以长斋学佛闻。凡旧时知好均异之。居士有子，授德文于杭之某校。居士夫妇，因就养于杭。予常往西湖，久耳居士名，且闻其学佛之因缘有足异者，久欲一晤询之而未得。

乙丑正月，居士抵沪过访，乃得闻其详。居士与梁璧园君为姻戚，民国六年，同客京师。一日梁君邀居士赴津，谓包培斋居士之尊人，死而为神，常托梦显灵示其家人，继则藉乩笔通问答，今将就而请问焉。盖梁君目久失明，自信为夙业所致，因皈依佛法，以自忏悔。闻包居士尊人之灵异，急欲借询一己之因果

也。季果素不信鬼神，尤痛恶乱坛之诞妄，不肯偕行。梁君因目不便，强使为伴。抵津送梁入包宅，即去。宿于杨寓，其岳母亦信佛者，央居士为写经。居士写至夜二时许，忽见窗外人影。疑为贼，细视之，则金甲巨人，光耀赫然。方转念间忽不见，知为神矣。就寝后，梦一人来谓之曰："予护法神包某，适所见即是也。"旋又梦见佛土种种庄严境界。次日以告其夫人，夫人偕之至包宅。见培斋尊人相，与梦中所见同。示以西方极乐世界图，与梦境又符。二者皆夙无所闻见，脑经中无此物，而梦境历历不昧。居士之信仰，由此起矣。居士先归，仍居杨氏京寓。偶偕杨氏账房出外散步，过屠肆，见所悬皆人身体也，因大骇而呼。友怪问之，居士述所见。友曰："汝眼花矣，此猪身也。"过他屠肆，居士所见亦然。至城根，见一人曳煤车行烈日中甚苦。因谓同行之友曰："是人可怜，安能曳此重载乎？"友曰："明明马也，汝乃见为人乎？"知其有异，乃促使归寓。他日梁君自津来，问居士见有马异乎。居士告以畴日所见曳车人，而友谓实马也。梁君曰："昨问于包氏尊人之神，以其家中某人死后之情形。而神示以问君所见之马即是也。"自是居士乃信轮回之说。确乎有徵矣。写经既毕，岳母为治火腿。居士见之，皆血肉狼藉，不能下箸，自是遂持长斋，研精佛法云。

喇乎拉尊者
拔嘎沽拉尊者

嘎納嘎拔喇錣雜尊者
嘎納嘎巴薩尊者

善财童子五十三参

参解脱长者
身现十方刹
心佛无异境
庄严方便住

说佛法之利益

予既常以佛法劝人，有不明佛法之真义者，辄曰各教皆劝人为善，吾亦惟为善而已，不必信佛也。此言也笼统含糊误人最甚，请析其义而辨其惑。

盖善者通义也，名词也，对恶而言之谓善。犹地之称东西南北，形之有大小方圆也。今有人焉欲东向以往，必背西而行，然泛言东西，讵可漫无依据乎？则必观乎日出没之处，以定东西之点也；或凭指南针以确定四方之度也。苟空言方向而无一标准以定之，则吾自以为东者，未必果东也。吾之所以为方圆者，度以规矩，未必果为方圆也。循是推之，吾之所以为善者，未必果为善也。何以言之？

昔有儒生数辈，问中峰和尚云："佛氏论善恶报应如影随形，今某善而不兴，某恶而不报，佛说无稽矣。"中峰曰："凡情未涤，正眼未开，认善为恶，认恶为善，往往有之。不恨己之是非颠倒，而反怨天之报应有差乎。"众云："善恶何至相反？"中峰令言其状。一人云："詈（骂）人殴人是恶，敬人礼人是善。"中峰曰："未必然也。"一人云："贪财妄取是恶，廉洁有守是善。"中峰曰："未必然也。"因请问中峰，中峰曰：“利人是善，利己是恶。苟利于人，则殴人詈（骂）人皆善也；苟利于己，则敬人礼人，皆恶也。是故人之行善，利人者公，公则为真；利己者私，私则为假。又根心者真，袭迹者假；又无为而为者真，有为而为者假。”

一、修慧识明

世之所谓善者，假多而真少，则自以为善而实非善也。佛之为教，使人修慧求明，期能辨善恶苦乐之真。譬如依磁针日位以辨东西，持规矩尺度以定方圆长短也。此无形之方针矩度，即良心是矣。同乎佛而以良心之准衡为教者，厥为儒道。夫佛与儒非能别有法以教人，特能教人求良心之准绳，以自辨善恶之真伪。更依止于至善，以复其良心之本真而已。佛说则推阐更详，辨析更精，究竟更明，指归更确，此佛法之所以尤为至高无上也。其所以必推究是否精详明确者，盖欲使人于异说有所折衷，于疑义有所辨惑，于趋向知止有定，于行持方便多门。然其说虽详，其义甚约，要而言之曰“求明”。佛言菩提，犹儒言明德。佛儒之所以异于寻常宗教者，即在此点。各宗教重信仰，而不许研究，佛儒重明辨，而不许盲从。重信仰则所信者为他，重明辨则所求者在我。

夫明者，万德之本。种种善心，由明而发；种种恶行，皆由于迷。佛者明觉之目标，迷之导师。故以佛为念，以佛为归者，因心力之感通。得善业之果报所以者，何佛法之用，由妙明觉，知而见为，慈悲喜舍。凡学佛念佛者，已包含次大功德一念之中。故诚心念佛者，确能受其利益，得其受用也。盖念佛则具忏悔之心，具慈悲之心焉，具平等之心焉，具无为之心焉，具清净不染著之心焉，具空观之心焉，具恭敬卑下之心焉，具淡泊精一

之心焉，具无上菩提之心焉。此种种心，即人佛之依傍。

二、止于至善

佛所说法，皆发明此义，佛之作佛亦依如是等心，以为行持念佛之人所念者，佛之名所依者。佛之德，德不可见，见于其所说法。法不可见，见于我之自心。以我之心，证佛所说，非徒虚想，又证之以实行。故一念在兹，万德具备。证以孔子之言“一日克己复礼，天下归仁焉”，岂非有至理存乎其间哉？典籍所载，言佛灵感之事，每有极其神奇、出人理想之外者，非虚语也。夫佛法之力有若是之巨大者，盖由至善之心发而为力善者。大人群心理之所尚，心止于善，即以大人群之心为心，故其力大而无上也。然必离迷入觉，善乃真实，真实之心，其力乃钜。何谓真实？清净是也，无为是也。无为之善，不亲人我之见，佛说功德，斯为第一。至有为之善，则有名闻、利养、功德、福报之心存乎其间。而此种种，皆有数可量，且小而有限者也。无为之善，则无计度功德之心；无其心，则无数量之可言。故言其功德不可思量也。

善财童子五十三参

观察三昧定
般若智照彰
光明三昧门
证入正心住

三、佛有悲智心

佛之为教，以是为重，布施行持，须先离相、慈悲喜舍，非由外缘。此非其他，宗教所能企及也。例如西洋诸教亦重施舍，然定为章制，失其慈悲喜舍之诚，更有甚者，以名闻为，市易而行施予。此在欧美习见不鲜。准佛所说，是为有漏善因，因地不真，果招纡曲，佛教所大忌者也。而不明其利害者，则惟以此为事，故其果虽亦得福享报，而愚迷无慧，因福造业，还招恶果。观欧美人物质享用特为丰厚，其为奉教施济所得福报，盖无疑义。然其人纵欲肆志、嫉妒仇恨，多造杀业，广积恶因，祸报之烈，亦极惨酷，轮回恶趣，更无论矣。所以者何？盖其教惟知修福而不知修慧故也。为佛立教，悲智双修，故佛教最盛之国，杀祸较少，而安乐太平，较有可称。例如暹罗（泰国旧称），佛教最盛之国也，当列强之卫，独能自全，缅甸次之，印度又次之。虽受外力压迫犹丰富发达，人民安乐。日本为半佛教国，千余年来，日臻治理。外蒙古国，佛教虽盛，行持已驰然，战乱之世犹免于祸。中国为佛法昌明之地，然以人民总数计之，则信佛者亦极少数耳。故虽如此，而普通人民皆泛有其观念，以因果祸福为惧，而凶狠残杀之人，较泰西之国为少；穷僻之乡，法律所不及之地，人人心中各有菩萨鬼神之观念，孝悌忠信之策励。固由孔子教义植其基础，而佛教影响人人尤深。统全国之人观之，中国为一孔佛混合之教，然为道家巫祝所亲糅，故多失佛教之真趣。论人民之佛法信仰，殆犹不若日本之纯一也，然日本比丘虽多研精教典而疏于戒律行持，又视我国为不如。故中日皆半佛教之国也。然即此少数之佛教影响，已能利及人群。统世界言之，东方诸国，多受佛法之涵濡，其人民慧力较西方为高，德性较之为醇。而历史上战争杀戮之酷，亦从来无若欧洲诸国之甚也。此悲智双修之教义，确有效验之证也。

又就一家一人观之，诚奉佛法以行持者，小行小效，大行大效。其感报若形之于影，莫或爽焉。记载之见于古籍者，斑斑可考也。然不解佛法之精义者，以为佛法不过宗教之一种耳，安有若是特殊之效益？此殆附会之谈耳。予尝就亲友交游家世考之，并于其子孙乩之，以求其祸福盛衰智愚贤否之由。大抵于其佛教之信仰如何，可有印证，其事信有可证，故知古人非妄语欺人也。

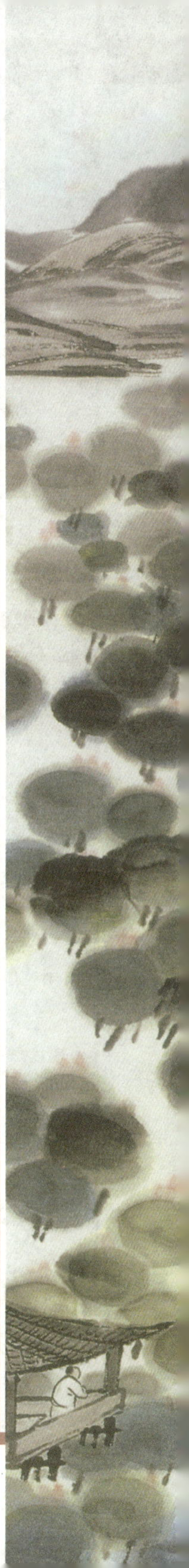

善财童子五十三参

运智观照
生死双摧
菩提安幢
证不退住

四、发真心

盖佛法之异于寻常宗教者，不在信仰之祈祷，而在实行之发心。发心者，造因也善。善恶之实行，皆由心起，因既造矣，其感报有不可避免者。故徒信仰祈祷，诸佛菩萨于我无能为助，仍须自向本心忏悔洗涤，然后知发心之为重也。故信佛念佛者，非如其他宗教之专一依赖外力而已。信佛念佛之间，则有自己忏悔之意存焉，有自己努力之意存焉，有存诚去妄之意存焉，有改过迁善之意存焉。何以故？佛以是为教，故佛之成佛，亦赖六度万行，以为因缘多生，聚积善根乃能消业障而长慧力，乃至究竟成等正觉，皆由努力精进而来的。则知以学佛为事者，亦不能空言祈求，空言敬事信仰而必副之以实行之，以愿力将之，以至心明矣。故真心念佛者，念兹在兹，不离一佛，亦即不离十善、业道、六度万行之修持。观照此知佛教之所以异于寻常宗教信仰也。

盖佛法者，体用并大，理事同资，理以印行，行以严理，故一理一念之际，六度万行之发心繁焉。至其所以具大功德之故。则尤以佛法教度众迷，俾知明辨真妄苦乐，更使知由苦得乐之方便法门而得究竟解脱。故循其道以修行者，离苦得乐，实有可证焉。此非理论之空谈，而为事实之真谛，故非其他泛言劝善之宗教而不明究竟义者所可比伦也。其功德之大，利益之普，有何疑焉？

或曰：“做善降祥，积善余庆，儒家言之矣，何必学佛？”答之曰：“必能如孔子之言，克己复礼，人民爱物，致知毋欺，戒色戒得，则庶几有真善之可言耳。否则口言仁恕，而口腹纵欲多造杀业，外貌清正而非分取求，心实穿窬。至于色欲，尤视为本分内事，不知其为众苦之本，万恶之源。若夫妄言、巧词、绮语、恶口，尤为吾儒通犯惯病。又若酒能乱性，孔子节之，而文士骚人以为风雅，醉乱无度。此数者为佛家根本戒律。儒家虽素

闻相类之孔训，能重视之否？故儒家多有自以为行善而反获恶果者，盖由止善复礼之不出于真诚耳。所以然者，儒家仅言其为义所当然，礼有不可。而为善去恶，不得出于邀福避祸之心。此为上智者能之。常人见理不明者所不能也。佛家则挈其纲要，定为戒条，又阐明轮回因果之理，使之警惧。故循以修持者，其受用更为切实也。”

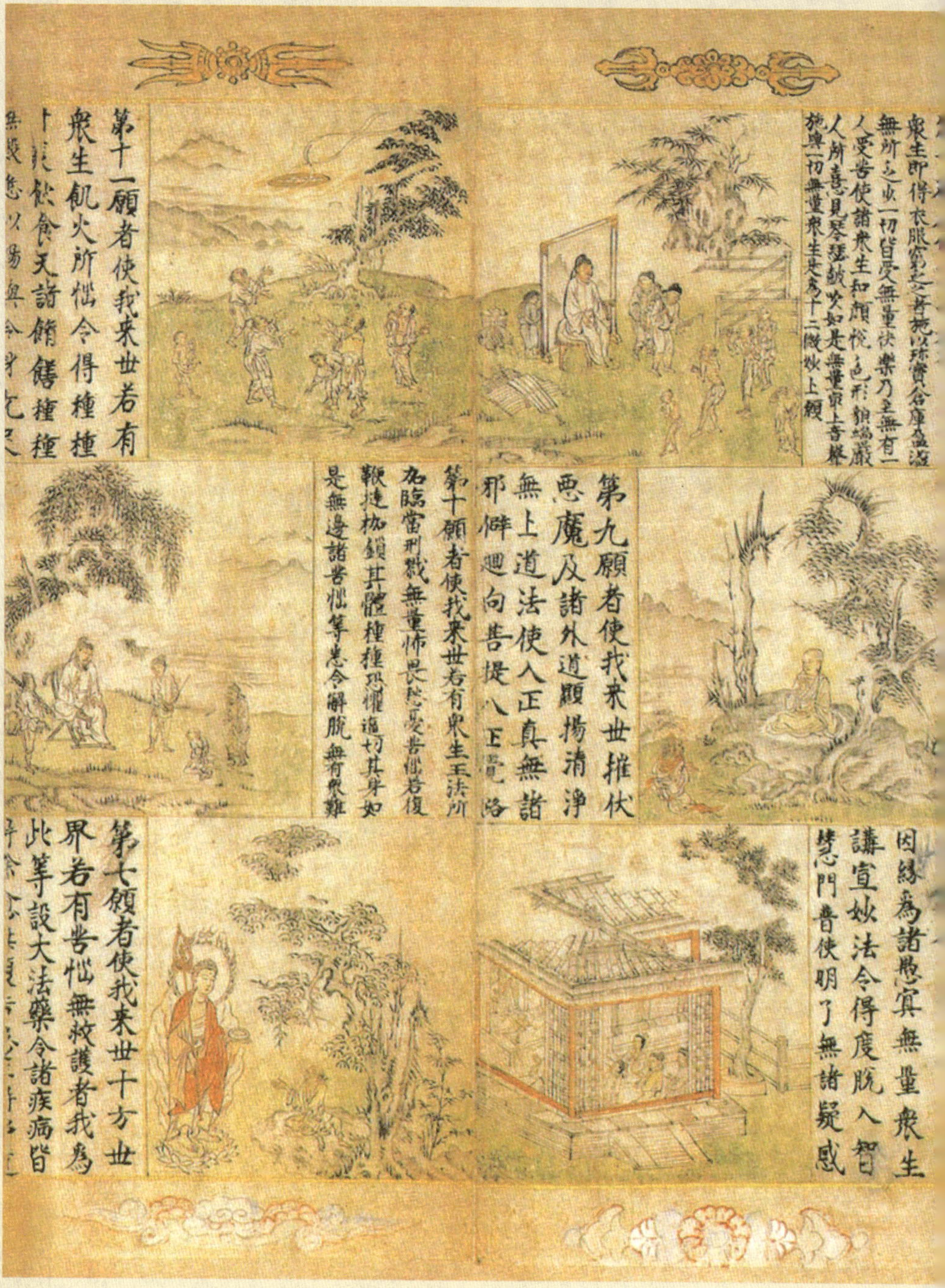
衆生即得衣服寶飾之具莊以珠寶合庫盈溢
無所乏少一切皆受無量快樂乃至無有一
人受苦使諸衆生和顏悅色形貌端嚴
人所喜見琴瑟鼓吹如是無量最上音聲
施與一切無量衆生是為十二微妙上願
第十一願者使我來世若有
衆生飢火所惱令得種種
上妙飲食天諸餚饍種種
因緣為諸愚冥無量衆生
講宣妙法令得度脫入智
慧心門普使明了無諸疑惑
第九願者使我來世摧伏
惡魔及諸外道顯揚清淨
無上道法使入正真無諸
邪僻迴向菩提八正覺路
第十願者使我來世若有衆生王法所
加臨當刑戮無量怖畏愁憂苦惱若復
鞭撻枷鎖其體種種恐懼逼切其身如
是無邊諸苦惱等悉令解脫無有衆難
第七願者使我來世十方世
界若有苦惱無救護者我為
此等設大法藥令諸疾病皆

耕心斋笔记自序

中国古时士大夫以儒家自命者，亦大抵对于佛教有相当之信仰。千数百年成为风俗，此事实之甚彰著者。试证诸吾家，自予所及见者，先祖母每逢佛诞及观世音诞等日，必持斋礼佛，闻昔者先祖父固已如是。先父及吾母率一家人，奉持维谨，且供观世音菩萨像，朔望必礼焉。予母且逢九持观音斋，礼菩萨尤虔。数十年间，家有疾病危难之事，则祷焉。每获灵应，常逢吉庆，恶慝远离，灾害不至。及今思之，吾父吾母信佛之诚，菩萨慈悲之被，吾辈阴受其福，非偶然也。

革政以后，侈言维新。举凡我国旧有之物，弃之惟恐不力，以从彼深眼高鼻之文明国人学。不辨其精粗美恶，而一以欧人之所言是从。乃至舍弃昔日之信仰，以从彼之信仰。而于昔日所受益确乎有征验者，今亦忘之。予亦盲从之一人也。继而思之吾家自康雍以降，至于今日，傅及七世，迄二百年。簪缨之盛，德泽之长，屈指全湘，不可多见。揆其由来，则我七世祖乐山公厚德至诚，实立其基；六世祖环溪公孝友清正，克承其绪；高祖藻庭公温恭笃厚，更厚其培植。遂以有我曾祖兄弟七人甲科之盛，降及我祖我父，受福不绝，修德亦不懈。皆以清慎勤明，尽心民事。我父施舍巨款，刊印善书，广行善举。我母复辅之，手配药

剂，施给贫苦，先代遗泽，赖以延长。二百年来，兴而未废者，先代孝友忠厚之积累，所谓为善无不报也。

因果感应之说既确乎有证，凭以修养行持，若响之应声。我家二百年来成事可监者，彰彰如此。大抵以孝悌为之本，而辅之以忠信仁义礼智诸美德。此盖由儒佛之教义所涵濡而成者，而亦即西方教义之所短。我国儒教，报本追远，使民德归厚。孝友睦邻为仁民之本，盖以涵育性情发展德义为教者，而彼教所不知也。佛说因果感应，万法唯心，轮回业报，生灭由己。所以励人自求之方，示人解脱之道者。而彼教所不闻也。彼惟以依赖救主赎罪降福为教，且其教义，每每使人凉薄所亲，嫉视异族。故亲亲老老之醇风，大同平等之观念，在我国为教义所提倡社会所奖进者，在欧陆不可得见焉。以至衰老之人，惨怨而无告；同种之国，敌忾而相仇。揆厥缘由，莫非其教义阶之厉也。予既熟审其弊害，遂一再为文以辟彼教之谬，更将于我国孝悌忠信之教，因果感应之说，有所发挥而光大之，盖唤醒群迷。言论理不如征之事实。西方之教，既陷累世列国于仇嫉杀戮惨怨之境。

善财童子五十三参

摩顶执手佛刹现前
悟真净智卷舒自在
得菩提无缘幢法门
故而能证入童真住

儒佛之说，实养成东方民族以孝友睦闲、任恤之风。标而出之，足以见祸有始而福有源也。若夫为普通群众说法，尤以阐扬因果事实，胜于高谈义理。盖儒佛教义非寻常人所能了解，至于利害祸福，则为人所欣感所畏怖。大抵一般人之信仰祈求，无论属何教，皆为身家子孙衣食利禄有所求，其次则怖畏灾害疾病有所迫。至于欣羡天堂之荣乐，如基督教所称者，已不可多得。若夫辨义理明心性、识儒教之真趣、参佛法之上乘者，百难得一也。印光法师，今海内所共崇仰者也，亦谆谆教人以因果感应之事，能启迪群迷，为人道向善之门。其序了凡四训也，引梦东禅师语曰：凡善谈心性者，必不弃离于因果；而深信因果者，终必大明乎心性。犹此意也。

昔先君尝刊印感应因果之书送人，无虑十数种，都十数万册。诚以一己身心之所受用，欲使多数人胥被其惠也。其杰不肖，未能继志述事。近年以来，略读儒佛之书，知心性之学，为吾人究竟之归；因果之说，为尊德问学之始。遂检取先君昔日所刊因果感应之书，重刊而流通之，并志愿力集见闻。举凡因果事实之可征信资观感者，用以自响，并以醒世。庶几继先君己立己达善与人同之意也。

眞身觀世音菩薩
易長觀世音菩薩

历史感应统纪·序

先君昔时所刊印善书，无虑数十种，以数万册计。其读之而兴感获益者，吾知其不少也。其杰朝夕随侍，渥聆庭训，反一无领会、一无成就，乃并其书不能善读谨藏。遑言继志述事，不孝之罪大矣。近年稍致力于身心性命之学，求之于泰西哲学宗教之书而病其支离隘陋，乃复反而求诸吾六经。昔所谓迂疏不适于今日进步之时代者，则觉其味醇厚而旨深远，有裨益于吾身心者无穷也。又复反而求诸佛教经论及因果感应之书，人所称为虚玄荒渺、目为迷信者，今觉其深切著明，较科学之为可据也。于是搜索昔年先君所刊印之书读之，不自知其手舞足蹈心悦诚服也。各书中如《梁敬叔先生之劝戒录》，叙述近事最多，易于征信，又最典雅翔实。予既序而重刊之矣。今复得《感应类钞》而重刊之。

《感应类钞》者，宜兴史玉涵先生所撰。以《太上感应篇》为主义，以《功过格》为纲，辑叙往事为案。以为之目，分孝顺、和睦、慈教、宽下、劝化、救济、交财、奢俭、性行、敬圣、存心十一类。其所引大抵出于史乘古籍，及私家笔记之可征信者。每类之中，附以先哲名论，并自加按语。其说理极精，而论事持平，非老于人情世故而厚于天性、邃于学问又尝深致力于修持涵养之功者不能为也。寻常因果之书，大抵引证鬼神果报之

事实而已。此书则多引前贤嘉言至行之足为师法，性情流露之足使人感奋者。即不言果报而动化之功甚大，且其选择简要，情文并茂。读之易解，人人甚深。

其杰于其他笔记，阅后辄忘，独于此书能全篇记诵。今阅二十余年，读之犹烂熟如昔日，然则其能感人可知矣。书末附印袁了凡先生立命、改过、积善、谦德诸篇，及《俞公净意说》，皆至理名言，足发人深省。前年已与诸同志另印为单行精本，兹仍附于篇末。学者苟有志于修身立命存心养性之事，任取其一篇，奉为圭臬，身体力行，则做圣之功在是矣。或者问于予曰：“中国之学说与宗教，皆消极道德也，不适于今日进化之世界。吾子从事科学实业有年，乃忽一变而为消极，提倡中国古代学术思想，而力斥西方物质功利主义，以是善其身则可矣？毋乃非谋国之善策乎？”答之曰：“使徒言功利而可以治国也，则古圣贤亦何为独重视道德？盖无道德以为之先，则功利徒足以召乱。夫欲国之治平，必其人民急公好义。国尔忘私，此今所谓公德，亦即舍己事人、后己先人之精神也，此我国圣贤之教义也。”

新学家动曰中国道德为消极，而不知凡道德之实施，皆为消极的作用。惟其能消极以舍己，始能积极以事人。古来圣贤豪杰，立德立功立言，传于不朽者，大抵其存心制行、克已复礼，以成此坚苦卓绝之造诣。克己制行，消极功夫也；存心复礼，积极德业也。世岂有不消极而能道德者乎？或曰：“西方之国，尚功利不尚德让，胡为富强治安自若也。”曰：“泰西之富强与治安，恃法律兵力以保持，不可久者也。法律兵力，皆消极之事也。人民不肯为自动消极的德让则争，故不得不以外力加之，以为消极的裁制。愿所谓法律者，名为抑强扶弱，实则助暴奖贪，更以兵力长其凶焰，压迫复压迫，久而致爆发。观于近时欧洲战

善财童子五十三参

五执交身心生疑惑
诸天共赞顿悔自
直上刀山投身火聚
净轮法门证法王子

祸，与政治社会之革命趋势，其明证也。”

吾国教义所以重德义而轻功利者，盖欲使人民相助相让，止贪止争，以期能相与长久安乐，夫能长久安乐休养生息，则积极孰大乎是？若尚功利而务力取巧胜，终致残杀破坏，则消极莫大乎是。子惟见商场贾人豪侈逸乐之时，而不见欧陆数千万老弱无告饥困悲惨之状，宜其认积为消、认消为积也。试取数千年中国史乘与欧洲历史勘察比较，孰得孰失，孰苦孰乐，则知我国古训之较善矣。日本之变法也，执政诸人皆湛于儒术，其所谓武士道者，重道义、惜声名，而薄财利、轻生命，故能行新政而致昌大。我国之革命也，推翻一切旧有之礼教，以为但一一模仿西法，则欧美之富强不难致。彼迂疏之儒家言何用者。执政诸人不惜败坏风气，使贪使诈以争权利，然而其所成就竟何如者？国家已即于沦亡，而彼个人亦身败名裂，祸贻子孙。孰消孰积？吾子将奚择焉。吾欲为国家为世界谋永久之治安，为人生谋真正之幸福，故为是不惮烦发挥古义，而逢人强聒不舍。岂消极者而为此哉？

除獸難觀世音
除火難觀世音

普門品觀世音𦬇
除怨賊觀世音
除水難觀世音
除象難觀世音

善财童子五十三参

奋迅城中参大德
慈行童女狮子宫
天衣器中佛影现
诸行所了境与智
般若波罗普庄严
因而得到灌顶住

箴言八字诀

诚

存心中正，做事切实；暗室无欺，天日可质。

莫弄机巧，莫使诈术；使诈终败，弄巧反拙。

信

事做十足，话说七分；大言无实，识者厌闻。

轻诺难践，招人怨憎；抑人扬己，仇祸即临。

仁

恻隐为怀，爱人及物。见人美事，便当欣悦。

见人患难，便当怜恤；消除嫉妒，以养太和。

灾殃尽去，降福孔多。

厚

博厚悠久之道，宽大受福之基，说话莫占便宜；

银钱要学吃亏，吃亏是真便宜，便宜终久吃亏。

勤

做圣功夫，致富秘诀，人一己百，更无他策。

彼学无成，或业失败，原因甚多，懒惰最大。

俭

治生之道，不必外求；勤以生产，俭以节流。
起居简朴，欲望淡泊；布衣粗粝，怏然自得。

谦

谦谦君子，载道之器，学则进道，商则获利。
与人交际，百事顺遂，何苦傲慢，招人怒忌？

卑

人之大患，好为人师，夜郎自大，其格真卑。
自古英杰，皆能下人，卑以自牧，人望愈尊。
莘莘学子，切记斯言。

白難陀龍王

左執青龍

大聖大黑天神

善财童子五十三参

三眼国参善见比丘
颈文三道圆光由旬
顺机顺法无念无照
得菩萨随顺灯法门
因而证得欢喜行住

附录：聂云台纪事

1872年

外祖父曾国藩逝世，追赠太傅，谥文正。

1875年

曾纪芬（曾国藩幺女，聂云台母亲，晚年号崇德老人）出嫁湖南衡山聂家。父，聂缉规，字仲芳，曾先后任苏松太道台、浙江巡抚及江南制造局主办。

1880年

九月初五日于长沙出生，名其杰，号云台，排行第三。三岁时随父迁居上海。

幼年与兄弟姊妹在家中延师共读。

1893年

冬间随二哥其昌回衡阳原籍应县试，考取秀才。

后在上海，跟随外籍老师学习英语，涉猎电气与化学工程，通达化工学科，尤精于英语。

曾到美国留学，参加留美学生组织的“大卫与约翰”兄弟会。在美国学成回国后，正值清季末年，国势积弱不振。主张“教育救国，实业救国”，个人事业也从实业着手。

1898年

闰三月初四日，娶妻萧氏。

保富法

如何让财富传承久远、“富过三代”！

曾国藩外孙聂云台谱就保富延福之道的奇书！

时至今日，依然受到企业界的热读！**正和岛试运行启动仪式上，山东勇进集团董事长刘勇进心得分享，俞敏洪欣然索书！**

段视频，我们正面的一方和挑战的一方作为一个非常有养分的东西。

[19:40:05] 夏华：谢谢开复。我相信还会有很多的朋友给我们推荐非常非常有价值的好东西！谢谢！

[19:40:53] 夏华：接下来我们的邀礼卡上还有很多特别有意思的内容。我们现场抽出一份。这位是山东勇进集团有限公司的刘勇进先生。有请！今天你给大家带来什么好东西？

[19:43:07] 刘勇进：谢谢各位，我最近看的书比较不错是《保富法》。他是曾国藩的外孙，1942年写。他当时是上海总商会的会长，这本书核心意思是仁者因财发身，而不是以身发财。他学贯中西，中年皈依佛门。他比较了所有大家的后代，第一代当大官发大财，第二代可能家破人亡。所以说一定要回到做人的原点，就是善良、正直，不撒谎。这本书有一句话总结得比较好：积财于子孙者，子孙未能享也。积书于子孙也，子孙未必能读也。不如积阴德于冥冥之中，子子孙长久计。

[19:46:26] 俞敏洪：非常感谢，这本书送给我吧！仁者以财发身，不以身发财。如果是仁者的话，不管你发多少财，身体都会健康长寿，受到人们的喜欢。如果你光是为了发财，不管人的话，最后的结果就是以财害身。正和岛一定是仁者聚集之地。这让我想到了中国企业家俱乐部，昨天我们刚开完联欢会，这个俱乐部刚好是刘东华先生倡议的。俱乐部有一个活动，每个俱乐部成员每个月至少推荐给大家一本书，昨天我刚刚收到免费的书。看你红光满面表明你内心没有什么愧疚。其实这就是我们正和岛另外一个特别重要的功能，就是在岛上的岛民们可以不断地互相推荐自己看到的优秀视频，看到的优秀的语言，以及看到的优秀书籍。而且由于是高质量的推荐，实名推荐者，所以你在上面阅读的东西就不再是那么垃圾，一定是更加干净。也就意味着我们在座的各位用更短的时间能够享受到，不管是做企业，还是在社会上做人更加好的智慧，我想这也是正和岛存在的理由之一。

[19:47:03] 夏华：正和岛上三件宝，刚才说了三件宝了。一日一问，每日一件。我相信2012马上到来，大家一定想知道明天的天气会怎样。

[19:49:44] 俞敏洪：天气是下学下雨，有太阳或者是多云，是天气。气侯也是我们现在在国际上非常关注的问题。但是我们今天讲的天气跟实际的气侯、天气没有什么关系。因为都是企业家在这儿，我们现在讲的天气是中国的经济天气。很多人面对202年都在想着到底是一个什么样的形势，中国到底为我们的企业提供什么样的经营环境？到底面对明年的企业发展，尤其是民营企业的发展，到底是多云转晴，还是多云转阴？今年下半年开始，中国的经济好象是多云天气，有时候露出一丝阳光，有时候是阴霾满天。不好琢磨，但是我们不得不琢磨，因为我们面临着2012，我们要生存下去。大家同意2012年天气会多云转晴的请举手。非常好，按照温家宝总理的说法，我们要对为有信心，有信心我们就会有成果。我们看看那些没举手的是不是意味着多云转阴？多云转阴的请举手。看来有信心的还是多于没信心的。

[19:51:15] 夏华：我刚才看了多云转晴的没几个，多云转阴的也都多，但还是占了大概几十位。我觉得面对不确定的新

图文：勇进集团董事长刘勇进现场分享好书

2011年12月29日20:16　腾讯财经　我要评论(0)　字号：T | T

山东勇进集团有限公司董事长刘勇进现场分享好书

腾讯财经讯 国内首家专注企业家人群的社交网络平台“正和岛”12月29日晚在北京五洲皇冠假日酒店举行试运行启动仪式，腾讯财经及腾讯微博全程直播。图为山东勇进集团有限公司董事长刘勇进现场分享好书。

刘勇进董事长手中拿的正是双螺旋文化出品的《保富法》平装版

印光大师/净空法师/柳亚子

等佛学高士曾撰文倾力推荐

旧上海首任总商会会长、曾国藩外孙撰《保富法》在《申报》刊载轰动上海，一时引起各界纷纷捐赠助学甚巨

民间自发纷相印赠，至今仍最广为流传在港、台地区和东南亚商人圈

听听社会各界怎么说！

我现在去走访企业，常常随身带聂云台撰写的《保富法》，薄薄的一本小册子，不足百页。许多浙商朋友看过《保富法》之后，深受震动：活了半辈子，现在才知道“怎么做一个有钱人”，一点不比“怎么成为一个有钱人”来得容易！因为这本书揭示了财富和人生的真相。

——杨轶清（浙江省浙商研究会执行会长）

他（聂云台）晚年留下的一本小册子《保富法》倒成了中国现代思想史的一本典籍。

——傅国涌（当代中国知名知识分子）

富者，财富也。从其本质上讲，有物质财富和精神财富之分，而长久受用且能真正庇荫子孙的是精神财富。《保富法》中所探究的显赫家族的兴衰之道，鲜明地道明这两者的关系。

——人民日报

聂云台先生在1942～1943年间撰写的《保富法》一书中，就举了曾国藩、左宗棠、林则徐等人的例子，总结道，“保富的方法，必须要有智慧的眼光，也就是要有辽远的见识与宏大的心量”。当我们看到这几句话时，肯定还不晚，把我们的眼光从挣钱、攒钱、赢钱中挪开一点点，认真考虑一下怎么样做，让我们苦心经营的人生幸福，得以真正传承。

——第一财经日报

在《保富法》这本书中，聂云台以佛教的因果规律，特别是清朝同治中兴以来数十个名门望族兴衰沉浮的事例，深刻地阐明了应当怎样获得并保有财富的道理。

——北京晚报

1901年

三月十二日，生子光。

1904年

父聂缉规任江苏巡抚，命亲信汤癸生组织复泰公司，由癸生任总经理，聂云台任经理，从事纺织工业的发展。后又租下华新纺织局，聂云台任董事。翌年，汤癸生病逝，聂云台继任复泰公司总经理，其弟其臣任协理。聂家拥有复泰百分之六十股权。

1909年

以银31.75万两买下华新，改名为恒丰纺织新局，任总理。为实现其实业救国的理想，于接办恒丰后，在厂中开设训练班，培训纺织人才，废除包工制。

1911年

二月，父聂缉规逝世，聂云台回湖南办理丧事，并留在家乡办理墓工。

1912年

其主持下的恒丰纱厂，率先将蒸气引擎改为电动机，降低了成本，也增加了产量。在当时纺织界中，为首开风气的创举。

聂云台早年留学美国曾加入基督教的兄弟会组织，此时与其妻萧氏同受基督教洗礼，夫妇二人都成了基督教徒。

1913年

聂云台有感上海东区劳动人民子女，失学者众，且无良好之学校，遂捐地十余亩，报请工部局核准后，按相致中学模式，建屋兴学。

1915年

校舍落成，命名为聂中丞公学，以纪念其父聂缉规（1941年更名为缉规中学，1951年，改名为上海市东中学。李敖曾就读于此）。

是年四月，赴美考察实业，主要为考察美之纺织工业。约请得美国棉业专家来华调查，协助改良中国的棉花种植。其平常热心于改良中国的棉业，以挽回国家的权益。常捐助巨款，支持金陵大学建立农科，改良中国棉种。

其间，先后被聘为复旦大学董事与启明、启秀、中西三所女中的顾问。

善财童子五十三参

河渚自在主童子
八部天龙空中语
十千童子乐戏沙
工巧术商农莫印
治病诸业得其所
工巧神通智光饶

1916年

五月二日，聂中丞公学正式开学，学校设金水手工科，以利学生就业。此举在全国各中学尚属首创。鉴于东区劳动人民子女，家境清寒，聂云台与工部局商定，学费低于他校，并设奖学金，资助学生，培养大批人才。

1917年

与蔡元培、黄炎培、张謇、郭东文等，发起组织中华职业教育社，任临时总干事。后在上海开设职业学校，推行职业教育，以培育职业教育人才。

第一次世界大战后，对恒丰进行扩充，增添纱锭和布机，并着手兴建恒丰二厂及织布厂。

是年，妻子萧氏病逝。

1919年

六月，筹建大中华纱厂。

1920年

任上海总商会会长和全国纱厂联合会副会长。

1921年

于长沙开设协丰粮栈。粮栈可容稻谷10万石，并采用机器碾米出售，又为恒丰纱厂在湘推销产品，代收货款，经办汇兑业务等。

1922年

与友人尹任先合伙发起招股，在吴淞投资兴建大中华纱厂。

1923年

大中华纱厂建成，拥有纱锭4.5万枚，规模设备为当时一流，被称为模范纱厂，聂云台出任董事长兼总经理。

在1921年前后的数年中，聂云台锐意进取，积极拓展事业。分别与友人姚锡舟等集资，在崇明岛创办大通纺织股分有限公司；与吴善卿等合作在上海创办华丰纺织股分有限公司；与王正廷、钱新之合资创办华丰纱厂，有纺锭1.5万枚；与张謇、荣宗敬等合资在吴淞创办中国铁公司，自制纺织机械；与穆藕初、闻兰亭合办中华劝工银行；与穆藕初等组织上海纱厂联合会，筹建上海纱布交易所；并与孔祥熙、陈光甫等合资创办中美贸易公司。

此外，他还投资于维大纺织用品公司、大通纺织股份有限公司、泰山砖瓦厂、益中福记机器瓷电公司、中美贸易公司等企业，并在这些公司中分别担任董事长、总经理、董事等职。

1923年

外国资本侵入，华资棉业惨遭打击，聂云台未能幸免，其经营的各企业也都遭受巨大损失，家族企业恒丰纱厂后来负债60万银元。

1924年

八月，大中华纱厂仅以150余万两忍痛出售。

1926年

被迫以退休名由，退居幕后，担任上海公共租界工部局董事和顾问。

事业失败，妻子撒手人寰，遂感到人世万法如梦幻泡影，乃转而信仰佛教，皈依于如幻法师座下，潜心学佛，闭门静思。后又参谒印光法师，受持五戒。

1927年

华丰纺织厂被日商吞并。

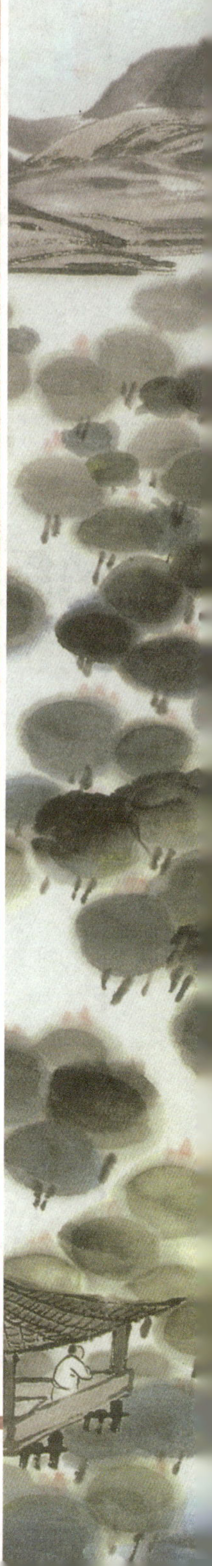

善财童子五十三参

海城参具足优婆夷
座延无量安一小器
涌出食物素食皆足
福德藏法无违逆行

1932年

中国铁工厂，于“一二·八”战事中毁于炮火。

1937～1945年

抗战时期，恒丰纱厂曾被日本军管，1942年与日本大康纱厂合办，成立所谓“恒丰纺绩株式会社”。

1942年

母亲崇德老人逝世，享年九十一岁。遗有一册《崇德老人自述年谱》。

1943年

因骨结核病截去半腿，不良于行，自此除读经念佛外，更不外出。

1942～1943年

所著《保富法》刊登在《申报》上，读者深受感化，于数日间，捐入“《申报》读者助学金”，多达47.5万余元之巨，传为佳话。商界、文化界名人纷纷撰文力荐，为之流传不吝费力。

1945年

抗战胜利后，恒丰被国民政府经济部清查敌伪产业委员会接收。聂云台写信向宋子文求助，并通过军政部次长俞大维说情，才将产权收回。收回后已无力经营，遂邀大棉商吴锡林、吴柏年入股，改组为恒丰股份有限公司，任董事长。

聂云台晚年隐居礼佛，不问外务。于家中设置佛堂，供奉观世音菩萨及地藏王菩萨，每日诵读《金刚经》、《观世音菩萨普门品》、及《地藏菩萨本愿经》作为常课。在领悟大乘六度的意义后，将自己的私财及妻子萧氏夫人遗留的财产、金饰等全部捐了出去，用以救济湖南各地的灾民。

聂云台重视家庭之教育，为益同辈和晚辈，创有《聂氏家言旬刊》，为古今中外家庭教育之创举。

1953年

十二月在上海病逝，终年73岁。